Mohammad Javad Rastegar Fatemi

Détection des Défauts Mécaniques

AF279838

Mohammad Javad Rastegar Fatemi

Détection des Défauts Mécaniques

Dans les Entraînements Électromécaniques Complexes

Presses Académiques Francophones

Impressum / Mentions légales

Bibliografische Information der Deutschen Nationalbibliothek: Die Deutsche Nationalbibliothek verzeichnet diese Publikation in der Deutschen Nationalbibliografie; detaillierte bibliografische Daten sind im Internet über http://dnb.d-nb.de abrufbar.
Alle in diesem Buch genannten Marken und Produktnamen unterliegen warenzeichen-, marken- oder patentrechtlichem Schutz bzw. sind Warenzeichen oder eingetragene Warenzeichen der jeweiligen Inhaber. Die Wiedergabe von Marken, Produktnamen, Gebrauchsnamen, Handelsnamen, Warenbezeichnungen u.s.w. in diesem Werk berechtigt auch ohne besondere Kennzeichnung nicht zu der Annahme, dass solche Namen im Sinne der Warenzeichen- und Markenschutzgesetzgebung als frei zu betrachten wären und daher von jedermann benutzt werden dürften.

Information bibliographique publiée par la Deutsche Nationalbibliothek: La Deutsche Nationalbibliothek inscrit cette publication à la Deutsche Nationalbibliografie; des données bibliographiques détaillées sont disponibles sur internet à l'adresse http://dnb.d-nb.de.
Toutes marques et noms de produits mentionnés dans ce livre demeurent sous la protection des marques, des marques déposées et des brevets, et sont des marques ou des marques déposées de leurs détenteurs respectifs. L'utilisation des marques, noms de produits, noms communs, noms commerciaux, descriptions de produits, etc, même sans qu'ils soient mentionnés de façon particulière dans ce livre ne signifie en aucune façon que ces noms peuvent être utilisés sans restriction à l'égard de la législation pour la protection des marques et des marques déposées et pourraient donc être utilisés par quiconque.

Coverbild / Photo de couverture: www.ingimage.com

Verlag / Editeur:
Presses Académiques Francophones
ist ein Imprint der / est une marque déposée de
OmniScriptum GmbH & Co. KG
Heinrich-Böcking-Str. 6-8, 66121 Saarbrücken, Deutschland / Allemagne
Email: info@presses-academiques.com

Herstellung: siehe letzte Seite /
Impression: voir la dernière page
ISBN: 978-3-8381-4315-6

Zugl. / Agréé par: Amiens, Université de Picardie, 2011

Copyright / Droit d'auteur © 2015 OmniScriptum GmbH & Co. KG
Alle Rechte vorbehalten. / Tous droits réservés. Saarbrücken 2015

REMERCIEMENTS

Je tiens à remercier tout d'abord Monsieur Gérard-André CAPOLINO, Professeur à l'Université de Picardie Jules Verne (UPJV), directeur de cette thèse et Monsieur Humberto HENAO, Professeur à l'Université de Picardie Jules Verne (UPJV), co-directeur de cette thèse, d'avoir accepté de m'accueillir au sein de leur équipe ainsi que pour leurs soutiens, leurs efforts, leurs aides, leurs encouragements et leurs remarques constructives qui m'ont beaucoup aidé.

Je voudrais aussi exprimer toute ma gratitude à Monsieur Michel POLOUJADOFF, Professeur émérite à l'Université Pierre et Marie CURIE, de m'avoir fait l'honneur de présider le jury de ma thèse. Un grand merci aussi à Monsieur Farid MEIBODY TABAR, Professeur à l'Institut National Polytechnique de Lorraine (INPL) et Monsieur Raphaël ROMARY, Professeur à l'Université d'Artois pour avoir accepté de participer à ma soutenance en tant que rapporteurs.

Je tiens à remercier également Madame Sophie SIEG-ZIEBA, Ingénieur du Pôle Ingénierie Bruit et Vibration du Centre Technique des Industries Mécaniques (CETIM) qui a accepté d'être membre de mon jury de thèse.

Un grand merci à toute ma famille et plus particulièrement à mon père, ma mère, mes sœurs, mon frère Jalal et surtout mon beau-frère Mohsen, pour leur dévouement, leurs encouragements et leur soutien inconditionnel tout au long de mes études et sans qui le présent travail n'aurait certainement pas été mené à bien.

Enfin, ces remerciements ne seraient pas complets sans mentionner ma chère épouse Sima qui m'a accompagné et qui m'a soutenu tout le temps par la force et l'énergie surtout durant l'élaboration et la rédaction de cette thèse dont je ne pourrai pas mesurer l'apport dans l'accomplissement de cette formation.

TABLE DES MATIERES

LISTE DES TABLEAUX

CHAPITRE 4

LISTE DES FIGURES

CHAPITRE 3

CHAPITRE 4

CHAPITRE 5

LISTE DES SYMBOLES

f_r	fréquence de rotation de la machine
n_{ws}	rang des harmoniques de l'alimentation
k	nombre entier
R	nombre de barres du rotor
f_{exc1}	fréquence d'excentricité du rotor
f_s	fréquence d'alimentation
f_{exc2}	fréquence combinée des excentricités statique et dynamique
V_c	vitesse linéaire de la cage du roulement
V_i	vitesse linéaire de la bague intérieure du roulement
V_e	vitesse linéaire de la bague extérieure du roulement
D_p	diamètre primitif du roulement
r_i	rayon de la bague intérieure du roulement
r_e	rayon de la bague extérieure du roulement
D_b	diamètre de la bille du roulement
β	angle de contact des billes
N_b	nombre de billes du roulement
f_{be}	fréquence de vibration caractéristique de la bague extérieure du roulement
f_{bi}	fréquence de vibration caractéristique de la bague intérieure du roulement
f_c	fréquence de vibration caractéristique de la cage du roulement
f_b	fréquence de vibration caractéristique de la bille du roulement
$f_{roulebe}$	fréquence caractéristique de la bague extérieure dans le courant statorique
$f_{roulebi}$	fréquence caractéristique de la bague intérieure dans le courant statorique

f_{roulec}	fréquence caractéristique de la cage dans le courant statorique
f_{rouleb}	fréquence caractéristique de la bille dans le courant statorique
J	inertie de la partie tournante
T_{em}	couple électromagnétique
θ_r	position angulaire instantanée du rotor
f_{eng}	fréquence d'engrènement
f_{r1}	fréquence de rotation du pignon
f_{r2}	fréquence de rotation de la roue
T_0	couple moyen
T_{r1}, T_{r2}, T_{eng} et ϕ_{r1}, ϕ_{r2}, ϕ_{eng}	amplitudes des oscillations de couple et angles de phase relatif aux fréquences du pignon, de la roue et d'engrènement
$X(f)$	représentation fréquentielle d'un signal x(t)
N	nombre de points de calcul de la TFD
ω_1	vitesse de rotation de l'engrenage solaire
ω_2	vitesse de rotation de l'engrenage satellite
ω_3	vitesse de rotation de la couronne
ω_{ps}	vitesse de rotation du porte satellite
Z_1	nombre de dents de l'engrenage solaire
Z_2	nombre de dents de l'engrenage satellite
Z_3	nombre de dents de la couronne
f_{ep}	fréquence d'engrènement
f_{ppp}	fréquence de passage des planètes
ω_{12}	vitesse de rotation de l'axe solaire 2
ω_{ps1}	vitesse de rotation du porte-satellites 1
R_{c2}	vitesse de rotation de la couronne 2
f_{ep1}	fréquence d'engrènement du train planétaire 1
f_{tam}	fréquence de rotation du tambour
R_{c1}	rapport de réduction total du réducteur planétaire

p	nombre de paires de pôles de la machine d'entraînement
F	force centrifuge en cas de désalignement
m	masse de la pièce de déséquilibre en kg
r	distance radiale de la pièce au centre de l'arbre en mètres
ω	vitesse angulaire en rad/sec
$T_{cd}, f_{cd}, \Phi_{cd}$	amplitude, fréquence et angle de phase de la vibration torsionnelle induite sur le tambour à cause du câble détoronné
t_{in}	temps initial lorsque le câble détoronné arrive à la poulie
t_{fin}	temps final lorsque le câble détoronné quitte à la poulie
t_{lim}	temps d'oscillation du couple de sortie en raison de l'oscillation
$F_s(\tau, v)$	fonction de distribution complexe
$h^*(t - \tau)$	conjugué de la fenêtre spectrale
T_{osc}	amplitude des oscillations de couple relatives au défaut mécanique
T_0'	augmentation moyenne du couple de charge dans le cas de l'accrochage de la charge
T_{ac}, f_{ac} et ϕ_{ac}	amplitude, fréquence et angle de phase de la vibration torsionnelle induite dans la charge de traction en raison de l'accrochage de la charge
$u(t), u'(t), u''(t)$	fenêtres rectangulaires en fonction du temps pendant la période de l'accrochage de la charge
$u(t_{lim})$	fenêtre rectangulaire en fonction du temps pendant la période de détoronnage du câble
f_{t-ac}	composante fréquentielle induite par l'accrochage de la charge dans le couple de la charge du tambour

I_s, I_r courants du stator et du rotor sans l'accrochage de la charge

I'_s, I'_r courants du stator et du rotor après l'accrochage de la charge

RÉSUMÉ

ABSTRACT

RÉSUMÉ

Dans le cadre de la maintenance prédictive et de la sûreté de fonctionnement des systèmes électromécaniques, l'objectif de cette thèse est de proposer des méthodes de surveillance et de diagnostic pour la détection de défauts d'origine mécanique dans la machine à induction. Dans ce travail, ces méthodes sont proposées et appliquées à la maintenance prédictive d'un système de levage.

La détection de défauts d'un système électromécanique complexe en vue de sa surveillance à partir de capteurs non-invasifs est intéressante par la simplicité de mise en œuvre et le degré de fiabilité requis. Elle peut se faire avec un minimum d'encombrement dans l'installation. Les signaux de courant ou de flux de dispersion permettent la détection par mesure non-invasive des défauts électromécaniques. A notre connaissance, les méthodes proposées utilisent rarement ce type de capteurs. Nous avons donc été amenés à analyser de manière systématique les types de capteurs utilisés pour l'étude des défauts mécaniques. Pour une application où le courant statorique n'est pas disponible, une autre alternative utilisant le flux de dispersion de la machine doit être considérée pour la surveillance du système.

Dans cette thèse, cinq méthodes de diagnostic ont été présentées. Une méthode utilisant le flux de dispersion est proposée pour surveiller la boîte à engrenages. Elle est basée sur la signature du courant statorique qui affecte directement le flux de dispersion. Les autres parties mécaniques d'une machine électrique, comme les roulements et l'excentricité de l'arbre du rotor, sont surveillées par le flux de dispersion en comparaison avec le courant statorique.

Nous avons également vérifié l'influence de la charge sur le couple de sortie et sur le courant statorique en cas de défaut d'un réducteur planétaire et de désalignement dans un système de levage.

Nous avons également présenté une méthode originale non-invasive pour détecter les conditions défectueuses d'un câble de levage en utilisant le courant statorique et le couple de sortie vu par le tambour. De plus, nous avons présenté une autre méthode non-invasive pour la détection de l'effet de l'accrochage de la charge dans le courant statorique et dans le couple de sortie vu par le tambour.

ABSTRACT

As part of predictive maintenance and safe operation of electromechanical systems, the objective of this thesis is to propose some methods for diagnostics and monitoring of mechanical faults. In this work, these methods have been proposed and applied for predictive maintenance in a hoisting winch system driven by an induction machine.

The monitoring and fault detection of complex electromechanical systems by using non-invasive sensors is an interesting approach due to simplicity of implementation and its level of reliability. It can be performed with minimal changes for the implementation. The stator current or the stray flux signals can detect the electromechanical faults by non-invasive measurements. The proposed methods do not use these types of sensors. Hence, we have been analyzed these types of sensors for the study of mechanical faults. For an application where the stator current is not available, another alternative using the stray flux of the machine has been considered for the system condition monitoring.

In this thesis, five new diagnostic methods have been proposed and have been presented with their experimental results.

A method using the stray flux is proposed to monitor the gearbox. It is based on the stator current signature, which directly affects the stray flux. Other mechanical parts of an electrical machine like bearings and the rotor shaft eccentricity are monitored by the stray flux in comparison to the stator current.

It is also verified the influence of the load on the output torque and on the stator current in case of the planetary gearbox and misalignment faults in a hoisting winch system.

A novel non-invasive method has been presented to detect defective conditions of the wire rope of a hoisting winch system using the stator current and the output torque of an induction machine. In addition, an other non-invasive method has been presented for detection of the hanging load effect in the stator current and the output torque.

INTRODUCTION GÉNÉRALE

INTRODUCTION GÉNÉRALE

La surveillance d'un système électromécanique avec des capteurs non invasifs est une solution intéressante dans les applications industrielles. Cette solution présente de nombreux avantages surtout dans le cas de surveillance des systèmes mécaniques qui ne sont pas facilement accessibles. L'analyse des signaux électriques et magnétiques mesurables sur la machine électrique d'entraînement comme la tension, le courant d'alimentation ou le flux de dispersion, permettent d'examiner l'état d'un système électromécanique. L'analyse du courant du stator représente une bonne alternative pour la surveillance des comportements mécaniques car il est facilement accessible dans la quasi-totalité des applications industrielles. Pour l'application industrielle où le courant statorique ne peut pas être mesuré, une autre alternative utilisant le flux de dispersion de la machine peut être considérée pour la surveillance du système. Le but de cette thèse est de proposer des nouvelles méthodes de surveillances par des capteurs non-invasives.

Les travaux présentés dans cette thèse ont été réalisés au sein de l'équipe «Energie Electrique et Système Associés» (EESA) du Laboratoire des Technologies Innovantes (LTI) avec collaboration du CETIM (Centre technique des industries mécaniques).

Cette thèse est organisée en cinq chapitres.

Dans le premier chapitre, on décrit l'état de l'art et l'évolution des méthodes de surveillance de la partie mécanique d'un équipement complexe entraîné par une machine à induction à partir de la surveillance du courant d'alimentation. Les défauts mécaniques envisagés sont le défaut de roulement, le défaut d'excentricité, le défaut de la charge entrainée et le défaut des engrenages.

Dans le deuxième chapitre, nous abordons la surveillance des parties mécaniques sur les machines à induction à cage et à rotor bobiné par l'utilisation des courants statoriques et du flux de dispersion. En tenant compte du fait que le flux de dispersion contient plusieurs composantes de même fréquence que celles du courant statorique, le deuxième chapitre aura pour but d'étudier les informations de ce signal pour obtenir des indications sur l'état de la partie mécanique. Pour cela, un banc d'essai composé de deux machines à induction partageant le même système mécanique a été conçu afin de mesurer l'impact de la partie mécanique sur le flux de dispersion. La partie mécanique est étudiée pour les roulements, l'excentricité et les effets d'engrenage sur la partie électromagnétique. La *fem* induite par le flux de dispersion dans la bobine exploratrice est mesurée sur une machine à induction de 4kW, 230V/400V, 50Hz, 2 paires de pôles, rotor bobiné, ainsi que sur une machine à induction à cage de 5,5kW, 400V/690V, 50Hz, 4 paires de pôles. Le spectre du signal mesuré est comparé pour chaque machine avec celui du courant correspondant pour analyser les effets de la partie mécanique.

Dans le troisième chapitre, un banc d'essai industriel sera présenté. Il est constitué d'un système de levage grandeur nature (22kW) réalisé au CETIM et permettant de s'adapter à l'étude de plusieurs défaillances dans les composants et dans le processus de levage lui-même. Sur ce banc d'essai, les défauts étudiés sont essentiellement ceux qui sont identifiés comme les plus critiques et les plus courants d'après les industriels du domaine. Ces défauts peuvent être analysés à différentes vitesses de fonctionnement et à différents niveaux de charge. Les défauts étudiés sont ceux du réducteur, du désalignement entre l'arbre du moteur d'entraînement et l'arbre d'entrée du réducteur, de la piste extérieure d'un roulement du tambour, du détoronnage du câble de levage et de l'accrochage de la charge. L'effet de la variation de la charge de la machine à induction sera étudié sur la détection des composantes fréquentielles tournantes d'un système de levage en cas de défaut de désalignement et de défaut du réducteur. Nous montrerons que l'augmentation de la charge peut amortir les composantes fréquentielles tournantes.

Dans le quatrième chapitre on analyse l'effet du détoronnage d'un câble en cours de fonctionnement en passant dans une poulie, sur le couple de sortie du tambour du treuil de levage en mesurant le courant du stator de la machine à induction entraînant le système de levage. Le système de levage entraîné par une machine à induction à cage triphasée 22kW, 230V/400V, 47Hz, 2 paires de pôles a été conçu, pour montrer l'influence du câble détoronné sur le courant du stator et sur le couple de sortie. Cette étude présente une méthode originale non-invasive pour détecter les conditions défectueuses du câble en utilisant le courant du stator et le couple de sortie de la machine à induction.

Dans le cinquième chapitre, Nous vérifierons l'effet de l'accrochage de la charge sur le couple de sortie au tambour et sur le courant statorique dans la machine à induction qui entraîne le système du levage. Nous montrerons que dans le cas du changement rapide de la charge, une oscillation de couple non-stationnaire apparaît pendant un temps court ce qui produit une composante à basse fréquence dans les spectrogrammes du couple de sortie et du courant de stator avec différents niveaux de charge. Dans ce cas, cette oscillation se produit exactement après application et libération de l'accrochage de la charge. Cette étude présentera une méthode originale non-invasive pour détecter l'accrochage de la charge en utilisant le courant du stator de la machine à induction.

CHAPITRE 1

CHAPITRE 1

ETAT DE L'ART POUR L'ÉTUDE DES DÉFAUTS MÉCANIQUES

1.1 Introduction

La surveillance d'un système électromécanique avec des capteurs non invasifs est une solution intéressante dans les applications industrielles. Cette solution présente beaucoup d'avantages surtout dans le cas de la surveillance des systèmes mécaniques qui ne sont pas facilement accessibles. L'analyse des signaux électriques et magnétiques mesurables sur la machine électrique d'entraînement comme la tension, le courant d'alimentation ou le flux de dispersion, permettent d'examiner l'état d'un système électromécanique. De la même manière, d'autres grandeurs électriques calculées à partir des signaux de base, donnent des informations pertinentes pour la surveillance du même système. Ces grandeurs sont les vecteurs spatiaux de tension et de courant, la puissance instantanée d'une ou de trois phases et le couple électromagnétique. Pour un système mécanique entraîné par une machine à courant alternatif, le courant d'alimentation donne une image des interactions électromécaniques concernant la machine elle-même ainsi qu'une image des efforts radiaux et de torsion produits par la mécanique. En particulier, ces efforts sont traditionnellement mesurés avec des capteurs électromécaniques et entraînent nécessairement des problèmes d'encombrement et d'installation. Les effets de ces efforts sont estimés à partir des mesures obtenues sur le courant qui alimente la machine avec un capteur non invasif ne nécessitant pas de modification de l'installation ou n'introduisant pas un encombrement supplémentaire avec un coût d'implantation raisonnable.

Dans les systèmes électromécaniques industriels, la machine à induction est un moyen d'entraînement majoritaire en raison de sa simplicité de construction et de sa robustesse mécanique qui demande un minimum d'entretien. Néanmoins, en dépassant ses conditions limites de fonctionnement, la durée de vie de cette machine peut être diminuée à cause de défauts prématurés. Mis à part ceci, les conditions particulières de fonctionnement de l'ensemble ou les efforts inattendus dans la partie mécanique, contribuent aussi à une dégradation prématurée de l'ensemble par des effets de transmission et d'accumulation d'événements. Il est clair que la surveillance d'un système électromécanique industriel est nécessaire pour réduire les coûts de maintenance et éviter une diminution de sa durée de vie ainsi que des arrêts non planifiés. En général, la conséquence du manque de coordination entre le fonctionnement d'un équipement industriel et la surveillance à tout instant de l'influence des conditions de fonctionnement, est la diminution de la sécurité. Ceci peut entraîner des pertes matérielles importantes et un arrêt total de la production dans le pire des cas.

La surveillance des machines électriques d'entraînement dans les systèmes industriels a fait l'objet de plusieurs études statistiques en fonction du mode de fonctionnement, de son environnement, des causes ou des types des défauts, des arrêts non programmés et du type de maintenance utilisée. Une étude récente qui date de 1999 [Tho99c] montre que dans ces machines électriques les pourcentages de défauts de ses composants possèdent la distribution suivante [IAS85a], [IAS85b], [Tho99c] (Figure 1.1):

- défauts statoriques dus aux court-circuits dans les enroulements (24,8%)
- défauts rotoriques dus à la rupture de barres et d'anneaux de court-circuit (6%)

12

- défauts des roulements dus au manque de lubrifiant ou à des efforts radiaux ou axiaux trop importants (51,6%)

- défauts mécaniques dus à de mauvais accouplements ou à de mauvais alignements (3,2%)

- défauts dans des dispositifs extérieurs à la machine (14,4%)

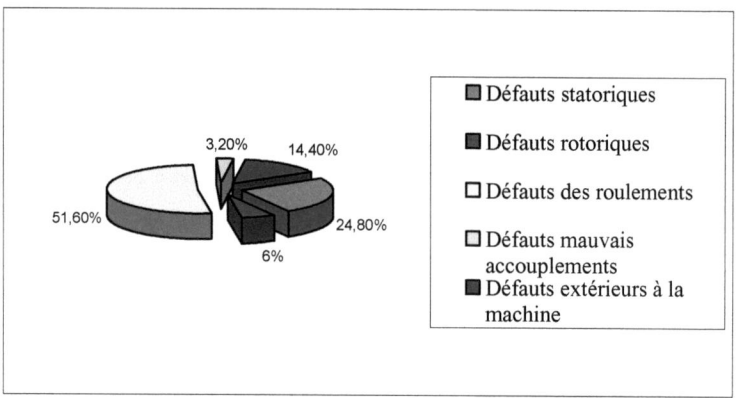

Figure 1.1. Distribution des différents défauts dans les machines électriques

Les défauts mécaniques principaux qui sont analysés dans la littérature sont :

- les défauts d'excentricité rotorique (statique, dynamique ou mixte)

- les défauts des roulements

- les défauts de la charge entraînée

- les défauts des engrenages

Dans ce premier chapitre, nous décrirons l'état de l'art et l'évolution des méthodes de surveillance de la partie mécanique d'un équipement entraîné par une machine à induction à partir de la surveillance du courant d'alimentation.

1.2 Défauts d'excentricité rotorique

1.2.1 Excentricité rotorique

L'excentricité est la condition d'un entrefer non uniforme entre le stator et le rotor. L'excentricité du rotor peut être occasionnée par un montage mécanique incorrect, un mauvais alignement, un arbre tordu, des défauts dans les roulements/paliers ou un déséquilibre (balourd) de la charge. Cette excentricité a pour conséquence la modification de la distribution de la densité de flux magnétique dans l'entrefer. Ce déséquilibre magnétique induit des forces radiales qui contribuent à augmenter l'excentricité par une attraction stator-rotor plus importante dans la zone ou l'entrefer a sa plus faible valeur. Ce phénomène induit dans le courant statorique de nouvelles composantes de fréquence et entraîne des vibrations dans la machine pouvant conduire à des frottements stator-rotor importants et par conséquent à une dégradation de la machine. L'excentricité du rotor a aussi des conséquences sur le couple électromagnétique par la diminution de sa valeur moyenne et la génération d'ondulations. Ceci conduit à une diminution des performances de l'ensemble électromécanique et produit des conditions gênantes pour le fonctionnement du système entraîné.

Dans une machine électrique, il y a trois types d'excentricité dans l'entrefer : l'excentricité statique, l'excentricité dynamique et l'excentricité mixte (statique et dynamique). Dans l'excentricité statique, le centre géométrique du rotor est identique au centre de rotation mais il est décalé par rapport au centre géométrique du stator (Figure 1.2.b). Ce type d'excentricité peut être causé par une déformation du stator, un positionnement incorrect du rotor ou une usure des roulements/paliers. Dans l'excentricité dynamique, le centre géométrique du rotor est différent du centre de rotation et le centre de rotation est identique à celui du stator (Figure 1.2.c). Celle-ci peut être due à des roulements/paliers usés ou un arbre tordu ou trop flexible. Un niveau important d'excentricité statique induit aussi un déséquilibre magnétique

14

important augmentant l'excentricité dynamique (Figure 1.2.d). L'excentricité est un phénomène qu'il faut constamment observer pour éviter des efforts radiaux excessifs dans le rotor qui augmentent l'usure des roulements et provoquent des vibrations nuisibles dans toute la machine.

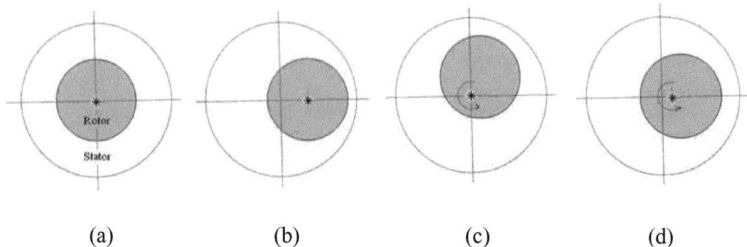

(a)   (b)   (c)   (d)

Figure 1.2. Excentricité du rotor d'une machine électrique :
(a) Rotor centré – (b) Excentricité statique – (c) Excentricité dynamique – (d) Excentricité mixte.

1.2.2 Détection de l'excentricité

Le diagnostic de l'excentricité rotorique dans une machine à induction à partir du courant statorique a été étudié dans les applications de pompage de grande puissance. Dans ce contexte, la difficulté d'installation de capteurs de vibration sur la machine pour la surveillance de ce phénomène a favorisé l'étude des vibrations produites par l'excentricité et ses effets sur le comportement du flux magnétique dans l'entrefer et sur celui du courant statorique. Les premiers travaux datent de 1986 et proposent l'analyse du courant statorique d'une machine à induction à cage à partir de l'expression suivante [Cam86], [Sob88], [Mor10]:

$$f_{exc1} = \left(k\,R \pm n_d \right) f_r \pm n_{ws} f_s \qquad (1.1)$$

avec f_s la fréquence d'alimentation, f_r la fréquence de rotation, R le nombre de barres du rotor, k un nombre entier, n_{ws} les rangs des harmoniques de l'alimentation ($n_{ws} = 1$, 3, 5,…), $n_d = 0$ dans le cas d'excentricité statique et $n_d = 1, 2, 3,…$ dans le cas d'excentricité dynamique.

L'étude qui a donné l'expression (1.1) a été complétée avec une analyse plus développée des phénomènes vibratoires conduisant à l'observation du spectre du courant statorique dans les basses fréquences avec une expression beaucoup plus simple pour l'analyse de l'effet combiné des excentricités statique et dynamique [Dor97], [Mor10]:

$$f_{exc2} = f_s \pm f_r \tag{1.2}$$

A l'aide d'une étude analytique plus récente modélisant l'effet de l'excentricité sur le comportement de la machine, une nouvelle expression intégrant (1.2) a été validée expérimentalement [Nan01], [Nan02], [Mor10]:

$$f_{exc3} = f_s \pm k f_r \quad \text{avec } k = 1,2,3,... \tag{1.3}$$

Les expressions (1.1), (1.2) et (1.3) ont été appliquées au diagnostic de systèmes électromécaniques industriels [Tho99a], [Tho99b].

1.2.3 Définition du désalignement

Un désalignement peut se produire entre l'arbre du moteur et la boîte à engrenage ou l'arbre de transmission de la charge. Différentes forces agissant sur le moteur sont des forces centrifuges qui déséquilibrent les parties tournantes, des forces cinématiques représentant les forces de frottement dans les roulements, des forces paramétriques caractérisent la rigidité des parties tournantes et de leurs supports et les forces de choc [Cha06].

Le désalignement du moteur avec l'arbre de transmission de la charge est une cause de disfonctionnement des machines électriques. Les défaillances caractérisent l'arbre du moteur, l'engrenage, les roulements du moteur et le montage incorrect des différents composants. En outre, un alignement parfait n'existe pas car il y a toujours un niveau de tolérance et un vieillissement à cause de vibrations et d'autres conditions externes.

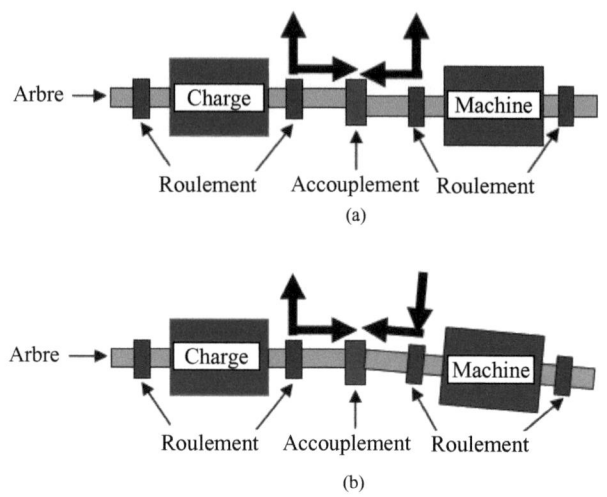

Figure 1.3. Représentation des différents désalignements:
(a) Désalignement parallèle -(b) Désalignement angulaire.

Le désalignement de l'arbre se produit quand les axes de symétrie des arbres accouplés ne coïncident pas. Si les arbres sont parallèles, le désalignement est qualifié de parallèle. Si les axes de symétrie des arbres se rencontrent en un point mais ne sont pas parallèles, alors le désalignement est qualifié d'angulaire (Figure 1.3).

Toutes les conditions de désalignement des systèmes électromécaniques réels sont une combinaison des deux types présentés. Les travaux précédents montrent que le désalignement des arbres induit une charge sur le roulement et un impact sur l'excentricité de l'entrefer entre le rotor et le stator de la machine électrique. Cependant, le désalignement angulaire a un impact plus faible [Cha06]. Toute excentricité engendre des anomalies sur la densité de flux d'entrefer qui se reflètent sur le spectre fréquentiel du courant statorique.

La présence de défauts mécaniques tels que le déséquilibre de la charge ou le désalignement de l'arbre est détectée par les fréquences $k.f_r$ dans les vibrations et le couple. Elle est également localisée sur le spectre du courant statorique par les fréquences données par l'expression (1.3).

En effet, l'expression (1.3) est utilisée pour détecter les défauts de déséquilibre mécanique du rotor et des désalignements angulaire et parallèle [Oba00], [Oba03c].

Comme mentionné, une des forces qui agit sur le moteur est la force centrifuge. Pour les charges déséquilibrées, cette force est calculée en utilisant l'expression suivante [Oba03c] :

$$F = m.r.\omega^2 \tag{1.4}$$

où F est en Newton, m est la masse de pièce de déséquilibre en kg, r est la distance radiale de la pièce de déséquilibre au centre de l'arbre en mètres et ω est la vitesse angulaire en rad/sec.

Cette équation montre que, lorsque la vitesse de rotation augmente, la force centrifuge augmente et par conséquence son effet sera plus facilement détecté.

1.3 Défauts des roulements à bille

1.3.1 Constitution d'un roulement

Un roulement est constitué de deux bagues coaxiales, l'une interne et l'autre externe entre lesquelles un ensemble de billes ou de rouleaux lubrifiés sont maintenus espacés par une cage. Ces éléments roulants tournent et se déplacent sur le chemin de roulement. Par sa fonction et sa structure, un roulement produit des vibrations sur la machine à laquelle il est associé. Premièrement, un roulement est un élément qui est résistant à la compression pour assurer la rigidité du montage avec des conditions équilibrées de charge. Ceci, ajouté au fait que la charge mécanique est supportée de manière discrète par les éléments roulants qui changent constamment de position, contribue à la production de différents modes de vibration. L'analyse de ces vibrations a été utilisée pour diagnostiquer les différents types de défauts d'un roulement, soit liés à l'usure normale, soit liés à un mauvais montage [Deb04], [Dev04], [Har91], [Ilo05].

1.3.2 Défauts d'un roulement

Dans des conditions normales de fonctionnement, la fatigue d'un roulement commence avec de petites fissures situées sur la surface du chemin de roulement et sur les éléments roulants. Quand ce phénomène se propage, il génère des vibrations détectables. Pour une zone affectée, il s'ensuit la contamination du lubrifiant et la production de surcharges localisées sur tout le chemin de roulement. Les sources externes de dégradation d'un roulement sont la contamination du lubrifiant par des particules abrasives ou la corrosion produite par la présence d'eau ou d'acides dans le lubrifiant [Sch95a]. Le type et la quantité de lubrifiant jouent un rôle important dans la durée de vie d'un roulement [Hod99].

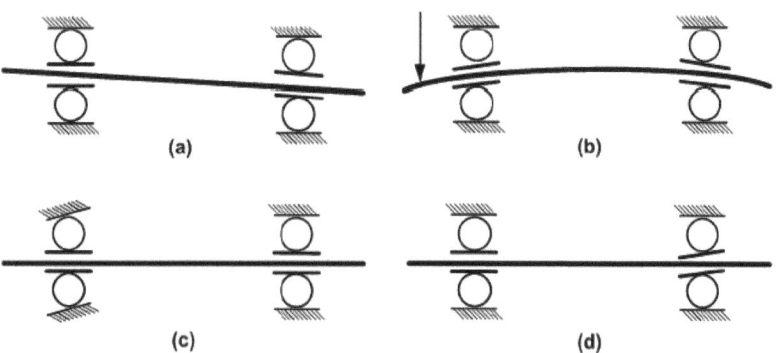

Figure 1.4. Différents types de montage incorrect des roulements:
(a) Mauvais alignement avec l'arbre – (b) Arbre tordu - (c) Bague extérieure inclinée - (d) Bague intérieure inclinée.

Le montage incorrect du roulement ou de l'arbre associé sont aussi des causes de surcharges qui conduisent aux défauts prématurés. Quelques cas de montage incorrect sont présentés (Figure 1.4) [Sch95a].

1.3.3 Détection des défauts d'un roulement

Pour les systèmes mécaniques, la surveillance d'un roulement a été étudiée à partir de l'analyse des vibrations. Le fait que les machines électriques tournantes aient besoin de ce support mécanique pour leur fonctionnement a favorisé l'introduction d'une surveillance par analyse du courant d'alimentation. La première méthode de surveillance de ce type a été proposée en 1995 pour une machine à induction [Sch95a] avec l'analyse vibratoire classique comme repère.

Les fréquences de vibration associées à un roulement caractérisent les dimensions et les mouvements de tous ses éléments sous l'effet de charges variables et de la friction [Har91]. L'effet de ces vibrations est établi à partir de la transmission de tous ces efforts radiaux sur le rotor que ce roulement supporte. Lorsqu'une bille est défectueuse ou quand elle roule sur une bague défectueuse, elle produit un impact et génère une vibration ou des impulsions sonores détectables [Oba03d]. La fréquence à laquelle ces vibrations se produisent est prévisible et dépend de la surface de roulement qui contient le défaut. La fréquence de la pulsation induite par un défaut de bague intérieure est différente de celle induite par un dysfonctionnement dans la cage. Ces fréquences dépendent également des dimensions géométriques, de l'incidence et de la vitesse de rotation du rotor. Par conséquent, il existe des fréquences particulières pour chacune des quatre parties d'un roulement donné, en fonction de la vitesse de rotation (f_r).

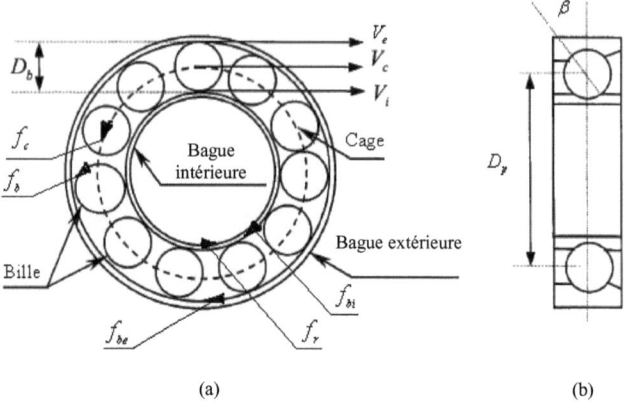

(a)   (b)

Figure 1.5. Schéma d'un roulement à bille avec ses différents composants [Li00].
(a) Coupe de face –(b) Coupe de profil

La figure 1.5 présente le cas particulier d'un roulement à billes avec ses

composants. La vitesse de la cage est obtenue par l'équation suivante [Li00]:

$$V_c = \frac{V_i + V_e}{2} \qquad (1.5)$$

où V_c est la vitesse linéaire de la cage, V_i est la vitesse linéaire de la bague intérieure

et V_e est la vitesse linéaire de la bague extérieure. En divisant V_c par le rayon de la

cage ($r_c = \dfrac{D_p}{2}$), on obtient la fréquence de la cage avec D_p comme diamètre primitif

de roulement.

$$f_c = \frac{V_c}{r_c} = \frac{V_i + V_e}{D_p} \qquad (1.6)$$

L'équation (1.6) peut être reformulée comme (1.7) avec $r_i = r_c - \left(D_b \cos\beta / 2 \right)$ et

$r_e = r_c + \left(D_b \cos\beta / 2 \right)$ où r_i est le rayon de la bague intérieure, r_e est le rayon de la

bague extérieure, D_b est le diamètre de la bille et β est l'angle de contact de la bille

(généralement dans les petits roulements égale à 0) [Oba03d].

21

$$f_c = \frac{V_i + V_e}{D_p} = \frac{f_i r_i + f_e r_e}{D_p} = \frac{1}{D_p}\left(f_i \frac{D_p - D_b \cos\beta}{2} + f_e \frac{D_p + D_b \cos\beta}{2} \right) \tag{1.7}$$

où f_i et f_e sont les fréquences de rotation de la bague intérieure et de la bague extérieure respectivement. Pour calculer la fréquence de vibration de la bague intérieure la valeur de f_{bi} est égale au nombre des billes du roulement multiplié par la différence entre les fréquences f_c et f_i obtenues à partir de la formule suivante:

$$f_{bi} = N_b \left| f_c - f_i \right| = N_b \left| \frac{f_i r_i + f_e r_e}{D_p} - f_i \right|$$

$$= N_b \left| \frac{f_i\left(r_c - \dfrac{D_b \cos\beta}{2} \right) + f_e\left(r_c + \dfrac{D_b \cos\beta}{2} \right)}{D_p} - f_i \right| = \frac{N_b}{2}\left| (f_i - f_e)\left(1 + \frac{D_b \cos\beta}{D_p} \right) \right| \tag{1.8}$$

Avec la même méthode, la fréquence de la bague extérieure est obtenue comme suit :

$$f_{be} = N_b \left| f_c - f_e \right| = N_b \left| \frac{f_i r_i + f_e r_e}{D_p} - f_e \right|$$

$$= N_b \left| \frac{f_i\left(r_c - \dfrac{D_b \cos\beta}{2} \right) + f_e\left(r_c + \dfrac{D_b \cos\beta}{2} \right)}{D_p} - f_e \right| = \frac{N_b}{2}\left| (f_i - f_e)\left(1 - \frac{D_b \cos\beta}{D_p} \right) \right| \tag{1.9}$$

où N_b est le nombre des billes du roulement.

La fréquence de vibration de la bille peut être calculée à partir de f_i ou de f_e. Dans ce cas, on obtient la formule suivante:

$$f_b = \left| (f_i - f_c)\frac{r_i}{r_b} \right| = \left| (f_e - f_c)\frac{r_e}{r_b} \right| = \frac{D_p}{2 D_b}\left| (f_i - f_e)\left(1 - \frac{D_b^2 \cos^2\beta}{D_p^2} \right) \right| \tag{1.10}$$

Après avoir simplifié les équations (1.7)-(1.10), les fréquences de vibration de la bague extérieure, de la bague intérieure, de la cage et de la bille s'expriment comme suit [Fro10], [Har91], [Li00], [Imm10]:

$$f_{be} = \left(\frac{N_b}{2}\right) f_r \left(1 - \frac{D_b . \cos\beta}{D_p}\right)$$

Fréquence de vibration de la bague extérieure (1.11)

$$f_{bi} = \left(\frac{N_b}{2}\right) f_r \left(1 + \frac{D_b . \cos\beta}{D_p}\right)$$

Fréquence de vibration de la bague intérieure (1.12)

$$f_c = \left(\frac{1}{2}\right) . f_r \left(1 - \frac{D_b . \cos\beta}{D_p}\right)$$

Fréquence de vibration de la cage (1.13)

$$f_b = \left(\frac{D_p}{2D_B}\right) . f_r \left[1 - \left(\frac{D_b . \cos\beta}{D_p}\right)^2\right]$$

Fréquence de vibration de la bille (1.14)

avec :

f_r : vitesse de rotation du rotor

N_b : nombre des billes du roulement

D_p : diamètre primitif du roulement

D_b : diamètre de la bille

β : angle de contact de la bille

Depuis 1995, il y a des travaux sur l'analyse du courant statorique pour la détection des défauts dans les roulements. La relation entre les vibrations et le courant du stator est déterminée en se souvenant que toute excentricité produit des anomalies dans la densité de flux d'entrefer. Comme les roulements supportent le rotor, tous les défauts mécaniques produiront un mouvement radial entre le rotor et le stator de la machine (Figure 1.6) pour les défauts des bagues extérieure et intérieure [Blo08]. Ces mouvements radiaux entraînent une modification permanente de l'entrefer comme dans le cas d'une excentricité dynamique laquelle est détectable par le courant statorique.

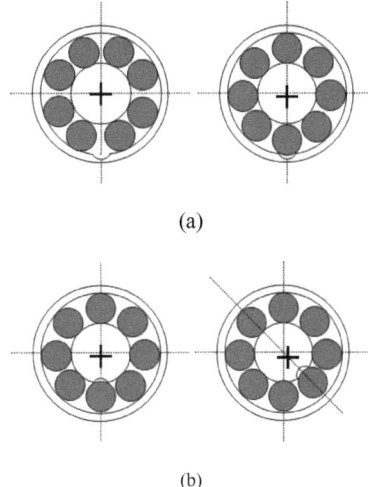

(a)

(b)

**Figure 1.6. Mouvement radial du rotor dû à une défaillance de la bague:
(a) bague extérieure (b) bague intérieure**

Quand l'effet d'un roulement sur une machine à induction est traduit par une excentricité dynamique, l'expression de cet effet sur le courant statorique est déterminée par l'association des expressions (1.11) à (1.14) de la manière suivante [Sch95a], [Fro10], [Imm10]:

$$f_{roulbe} = f_s \pm h\, f_{be} \qquad (1.15)$$

$$f_{roulbi} = f_s \pm h\, f_{bi} \qquad (1.16)$$

$$f_{roulc} = f_s \pm h\, f_c \qquad (1.17)$$

$$f_{roulb} = f_s \pm h\, f_b \qquad (1.18)$$

avec:

$h = 1,2,3,...$

f_s : fréquence d'alimentation,

24

À partir de (1.15)-(1.18), il est évident que pour calculer les fréquences des défauts de roulement, on a besoin des informations précises concernant la construction du roulement. Les fréquences des bagues sont estimées pour la plupart des roulements ayant entre six et douze billes [Sch90].

$$f_{bi} = 0,6.N_b.f_r \qquad\qquad (1.19)$$

$$f_{be} = 0,4.N_b.f_r \qquad\qquad (1.20)$$

De cette manière, il est possible de déterminer les fréquences des bagues pour sept combinaisons de billes sans avoir une connaissance explicite de la construction du roulement. Ceci permet la détermination de la fréquence des composantes importantes dans le courant du stator. Ces fréquences sont $0,6.N_b.f_r \pm f_s$ et $0,4.N_b.f_r \pm f_s$ pour la bague intérieure et la bague extérieure respectivement avec $N_b = 6, 7, 8, ..., 12$.

Sur la base de ce travail, plusieurs vérifications expérimentales ont eu lieu pour valider les expressions (1.15) à (1.18) dans différentes conditions [Kni05], [Oba03d], [Sch95b], [Sta03], [Sta04a], [Sta06], [Zho07]. Au cours des validations expérimentales de cette méthode liées à l'introduction de défauts et au vieillissement artificiel, plusieurs inconvénients associés au montage et démontage des roulements ont introduit des modifications dans le spectre du courant observé. Pour remédier à ces inconvénients, une procédure pour la génération de défauts dans les roulements a été proposée tout en évitant les opérations mécaniques [Sta05]. Cette procédure consiste à appliquer une tension sur l'arbre pour faire passer dans le roulement un courant électrique plus ou moins intense. Ce courant a pour conséquence la production de décharges électriques entre les billes et le chemin de roulement qui modifient la surface de friction contribuant ainsi à un vieillissement prématuré du roulement. Les expressions (1.15) à (1.18) ont contribué à plusieurs méthodes de diagnostic basées sur différentes techniques de traitement du signal [Dje07], [Ibr06], [Li00], [Sta04b], [Sta04c], [Zho07].

1.4 Défauts de la charge entraînée

1.4.1 Oscillations de la charge

Les défauts de la charge entraînée ont fait l'objet d'études beaucoup plus récentes que d'autres défauts de la partie mécanique d'un équipement. En général, ce type de défaut est associé à des ondulations du couple mécanique induites par une charge déséquilibrée. Pour l'instant, la surveillance de ce type de défaut n'a pas fait l'objet d'un besoin industriel particulier mais l'intérêt de son étude est de bien faire la différence de son effet sur le courant statorique par rapport aux oscillations de couple produites par un autre défaut qu'il soit d'origine électrique ou mécanique.

Pour déterminer l'influence des oscillations du couple de charge, la partie mécanique est modélisée avec deux composantes, une donnant le couple moyen et d'amplitude T_0 et l'autre intégrant l'oscillation associée au défaut à la fréquence f_d et d'amplitude T_d. Le couple de charge est donc exprimé par [Blo06], [Imm10]:

$$T(t) = T_0 + T_d \cos(2\pi f_d t) \tag{1.21}$$

1.4.2 Effet des oscillations de la charge sur le courant statorique de la machine d'entraînement

En supposant une représentation simple de la partie tournante de la machine à induction, constituée essentiellement d'une inertie, son modèle en moteur est donné par :

$$J \frac{d\Omega_r}{dt} = T_{em} - T(t) \tag{1.22}$$

26

avec Ω_r la vitesse du rotor, J l'inertie de la partie tournante et T_{em} le couple électromagnétique. En régime permanent, le couple moyen de la charge est compensé par le couple électromagnétique et toute oscillation introduit une ondulation dans la vitesse rotorique Ω_r et dans la position instantanée du rotor θ_r :

$$\Omega_r(t) = -\frac{T_d}{J(2\pi f_d)}\sin(2\pi f_d\, t) + \Omega_{r0} \tag{1.23}$$

$$\theta_r(t) = \frac{T_d}{J(2\pi f_d)^2}\cos(2\pi f_d\, t) + \Omega_{r0}\, t + \theta_0 \tag{1.24}$$

L'effet de cette ondulation de couple sur le courant statorique $I(t)$ s'exprime par :

$$I(t) = I_s\sin(2\pi f_s\, t + \varphi_s) + I_r\sin\left(2\pi f_s\, t + \frac{T_d}{J(2\pi f_d)^2}p\cos(2\pi f_d\, t)\right) \tag{1.25}$$

Dans l'expression (1.25), la composante $I_s\sin(2\pi f_s\, t + \varphi_s)$ est associée à l'alimentation, ce qui indique que l'autre composante est la conséquence de l'ondulation du couple de charge. Cette dernière a pour conséquence une modulation de la phase dans le courant statorique et se traduit par les composantes fréquentielles suivantes :

$$f_{osc} = f_s \pm m f_d \quad \text{avec } m = 1,2,3,\ldots \tag{1.26}$$

En général, les composantes données par (1.26) sont facilement localisables lorsque la charge est déséquilibrée [Blo06], [Kra04], [Oba00], [Oba03a], [Oba03b], [Oba03c].

1.5 Défauts des engrenages

1.5.1 Boîte à engrenages

La boîte à engrenages est fréquemment utilisée dans les systèmes d'entraînement électromécaniques et fonctionne dans des conditions sévères. Elle est soumise à une dégradation progressive notamment sur l'état des dentures. Dans une boîte à

27

engrenages, l'évolution du contact entre les dents occasionne la variation de la raideur d'engrènement. Ce phénomène dépend principalement du dimensionnement des dentures et la manière la plus précise pour le modéliser est basée sur la méthode des éléments finis. Néanmoins, une approche plus simple comme celle qui exprime cette variation en créneaux périodiques est utilisée. Un certain nombre de caractéristiques physiques sont représentées dans l'erreur de transmission de ce dispositif. Les plus importantes sont l'excentricité du pignon et de la roue, l'erreur de pas et l'erreur de profil de denture [Kan04], [Fak06]. En raison de son mode de fonctionnement, une boîte à engrenages est caractérisée par les vibrations qu'elle génère et qui dépendent, pour un système à deux étages, des fréquences de rotation du pignon f_{r1} et de la roue f_{r2} ainsi que de la fréquence d'engrènement donnée par [Hed10]:

$$f_{eng} = N_{r1} f_{r1} = N_{r2} f_{r2} \qquad (1.27)$$

où N_{r1} et N_{r2} sont les nombres de dents du pignon et de la roue de la boîte à engrenages respectivement. La mesure de ces vibrations est utilisée pour la surveillance et la détection des défauts les plus courants d'une boîte à engrenages [Bay02], [Yua03], [Li04], [Sad05], [Hal06]. Ces vibrations produisent des efforts de torsion dans la transmission du couple et introduisent des fluctuations dans le rotor de la machine électrique d'entraînement. Ce dernier effet a été utilisé pour la délocalisation de la mesure et la mis en place de capteurs de courant dans l'alimentation de la machine électrique pour l'analyse de ces défauts mécaniques [Kar06a], [Kar06b], [Moh06], [Raj06]. Pour caractériser cet effet sur le courant statorique, on utilise les expressions suivantes :

$$f_{b-eng1} = f_s \pm u f_{r1} \quad \text{avec } u = 1,2,3,... \qquad (1.28)$$

$$f_{b-eng2} = f_s \pm v f_{r2} \quad \text{avec } v = 1,2,3,... \qquad (1.29)$$

$$f_{b-eng\,3} = f_s \pm w\,f_{eng} \quad \text{avec } w = 1,2,3,... \tag{1.30}$$

1.5.2 Détection des défauts de la boîte à engrenages

Les interactions mécano-électriques qui permettent d'établir l'influence des fréquences de vibration de la boîte à engrenages, sur le courant d'alimentation de la machine d'entraînement n'ont pas été formulées de manière claire. Les résultats obtenus dans les références [Kar06a], [Kar06b], [Moh06], [Raj06] correspondent plus à des observations expérimentales. A la suite de cette constatation, une théorie a été formulée sur la base d'observations expérimentales et du mode de fonctionnement de la boîte à engrenages [Hed07]. Cette nouvelle formulation associe l'effet de l'ondulation du couple de charge sur le courant statorique mais en intégrant l'effet de torsion des trois composantes de vibration f_{r1}, f_{r2} et f_{eng} dans l'expression du couple (1.21), de la manière suivante :

$$T(t) = T_0 + T_{r1}\cos(2\pi f_{r1}t - \phi_{r1}) + T_{r2}\cos(2\pi f_{r2}t - \phi_{r2}) + T_{eng}\cos(2\pi f_{eng}t - \phi_{eng}) \tag{1.31}$$

avec T_0 le couple moyen, T_{r1}, T_{r2} et T_{eng} les amplitudes des vibrations respectives qui doivent donner une image de l'erreur de transmission dans les roues d'entrée et de sortie (T_{r1}, T_{r2}) et de la variation de la raideur d'engrènement (T_{eng}) et ϕ_{r1}, ϕ_{r2} et ϕ_{eng} les angles de phase respectifs.

Suivant l'analyse proposée dans §1.4.2, les nouvelles expressions pour les fréquences qui caractérisent la boîte à engrenages dans le courant statorique sont :

$$f_{b-eng1} = f_s \pm u\,f_{r1} \tag{1.32}$$

$$f_{b-eng2} = f_s \pm v\,f_{r2} \tag{1.33}$$

$$f_{b-eng3} = f_s \pm w\,f_{eng} \tag{1.34}$$

29

$$f_{b-eng\,4} = f_s \pm u\,f_{r1} \pm v\,f_{r2} \tag{1.35}$$

$$f_{b-eng\,5} = f_s \pm u\,f_{r1} \pm w\,f_{eng} \tag{1.36}$$

$$f_{b-eng\,6} = f_s \pm nf_{r2} \pm w\,f_{eng} \tag{1.37}$$

$$f_{b-eng\,7} = f_s \pm u\,f_{r1} \pm v\,f_{r2} \pm w\,f_{eng} \tag{1.38}$$

avec $u, v, w = 1, 2, 3, \ldots$.

Les résultats obtenus avec cette nouvelle approche permettent de retrouver les expressions (1.28) à (1.30) déjà proposées expérimentalement. Concernant les expressions (1.35) à (1.38), elles ont été validées expérimentalement avec des composantes de faibles amplitudes pour une boîte à engrenages en bon état [Hed07].

1.5.3 Boîte à engrenages planétaires

Le type de réducteur planétaire étudié a une configuration particulière qui permet la réduction de vitesse d'un moteur (Figure 1.7).

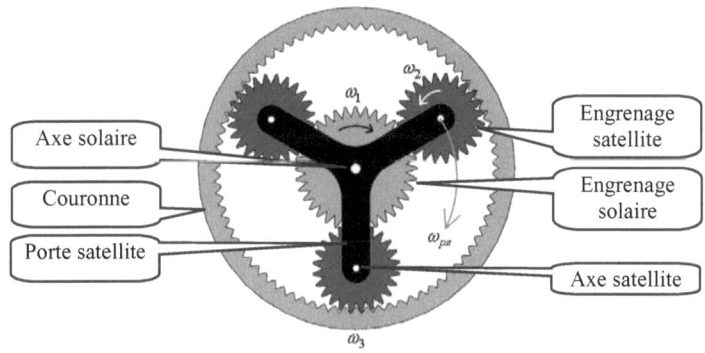

Figure 1.7. Composants d'un réducteur planétaire à un étage

Il est principalement composé d'un groupement particulier d'engrenages permettant d'assurer une transmission de puissance entre deux arbres coaxiaux avec des combinaisons d'utilisations multiples correspondant à des rapports de réduction très variables. Il associe trois arbres ayant des vitesses de rotation différentes avec une seule relation mathématique. Il faut fixer les vitesses de deux des arbres pour connaître celle du troisième. Ces trains sont souvent utilisés pour la réduction de vitesse du fait des grands rapports de réduction que cette configuration autorise, à compacité égale avec un engrenage simple.

La cinématique de l'ensemble est décrite à l'aide de l'expression développée par Robert Willis. Celle-ci établit que les vitesses angulaires de l'engrenage solaire et de la couronne par rapport à la vitesse angulaire du porte-satellites respectent entre elles un rapport constant qui dépend du nombre des dents des deux premiers éléments :

$$\frac{\omega_1 - \omega_{ps}}{\omega_3 - \omega_{ps}} = -\frac{Z_3}{Z_1} \qquad (1.39)$$

avec,

ω_1 : vitesse de l'engrenage solaire

ω_3 : vitesse de la couronne

ω_{ps} : vitesse du porte-satellite

Z_1 : nombre de dents de l'engrenage solaire

Z_3 : nombre de dents de la couronne

L'expression de Willis est appliquée au mouvement relatif de l'engrenage solaire par rapport au planétaire :

$$\frac{\omega_1 - \omega_{ps}}{\omega_2 - \omega_{ps}} = -\frac{Z_2}{Z_1} \qquad (1.40)$$

avec,

ω_2 : vitesse de l'engrenage du satellite

Z_2 : nombre de dents de l'engrenage du satellite

Les expressions (1.39) et (1.40) permettent d'obtenir la relation suivante entre l'engrenage de la couronne et l'engrenage du satellite:

$$\frac{\omega_3 - \omega_{ps}}{\omega_2 - \omega_{ps}} = \frac{Z_2}{Z_3} \qquad (1.41)$$

Avec les expressions (1.39), (1.40) et (1.41), la fréquence d'engrènement caractéristique de ce réducteur planétaire est déterminée par:

$$f_{ep} = \frac{\omega_1 - \omega_{ps}}{2\pi} Z_1 = \frac{\omega_2 - \omega_{ps}}{2\pi} Z_2 = -\frac{\omega_3 - \omega_{ps}}{2\pi} Z_3 \qquad (1.42)$$

Des observations effectuées sur le signal de vibration obtenu sur un capteur installé à l'extérieur d'un réducteur planétaire sur la couronne montrent que le niveau de vibration mesuré augmente quand un engrenage planétaire s'approche du capteur et diminue quand il s'en éloigne. Ce phénomène donne lieu à la définition de la fréquence de passage des planètes donnée par:

$$f_{ppp} = \frac{\omega_{ps}}{2\pi} N_p \qquad (1.43)$$

avec N_p le nombre d'engrenages satellites ($N_p = 3$).

Les fréquences d'engrènement f_{ep} et de passage des planètes f_{ppp} ont fait l'objet d'analyses dans l'étude des vibrations du système de transmission mécanique d'un hélicoptère [Lel87]. Le spectre du signal observé sur la couronne est complexe à cause des multiples fréquences générées par l'addition des vibrations déphasées des différents engrènements planétaires et de la modulation introduite par la translation des engrenages satellites autour de l'engrenage solaire [For96]. Les caractéristiques de ce signal ont fait l'objet d'une décomposition qui découple l'influence des différents engrenages pour une meilleure analyse des défauts dans ce type de système de transmission [For96], [Kel03], [Sam03], [Sam04], [Wu04], [Sax05], [Rom07].

1.6 Méthodes de surveillance

Pour la détection de défauts dans la machine à induction, les méthodes de surveillance utilisées ont souvent fait appel au diagnostic vibratoire, acoustique, thermique, magnétique et électrique. Bien que les signaux de vibration donnent de bonnes indications sur la surveillance, ils présentent de nombreux inconvénients par rapport au coût des capteurs et à leur mise en œuvre. Pour la surveillance de la partie électrique, la technique la plus utilisée est celle qui analyse le courant d'alimentation de la machine. En particulier, cette technique a montré ses avantages dans le diagnostic des défauts électriques au stator et au rotor.

C'est à partir de la surveillance de la machine électrique elle-même que la surveillance de la partie mécanique a commencé à se développer avec l'analyse du courant d'alimentation. Aujourd'hui, l'analyse du courant d'alimentation de la machine entraînée permet aussi le diagnostic et la localisation d'un certain nombre de défauts d'origine mécanique de la machine elle-même et du système entraîné [Nan05].

En effet, l'analyse du courant statorique représente une alternative pour la surveillance des systèmes électromécaniques, car il est facilement accessible dans toutes les applications industrielles. Pour une application où le courant statorique n'est pas disponible, une autre alternative utilisant le flux de dispersion de la machine peut être considérée pour la surveillance du système.

1.7 Conclusion

Dans ce premier chapitre, nous avons fait l'état de l'art de la surveillance des systèmes électromécaniques par analyse des courants statoriques de la machine à induction. Nous constatons que parmi les défauts les plus importants, on trouve les défauts relatifs à la partie mécanique. Pour un certain nombre de ces défauts et surtout ceux qui ne sont pas associés à la machine électrique, les méthodes de surveillance classiques basées sur l'analyse des vibrations ou les effets acoustiques sont toujours d'actualité. On peut constater que peu à peu de nouvelles voies s'ouvrent vers la délocalisation des points d'observation pour l'obtention de nouvelles mesures donnant des informations précises sur les phénomènes observés autour des défauts mécaniques.

Actuellement, les défauts mécaniques associés à la machine électrique d'entraînement comme l'excentricité rotorique ou les défauts dans ses roulements sont traités directement par surveillance du courant statorique d'alimentation. La méthode utilisée pour établir cette corrélation est basée sur les variations de l'entrefer de la machine qui sont induites par les vibrations radiales subies par les éléments mécaniques en défaut. Les résultats donnés par cette méthode ont montré leur validité quand la variation de l'entrefer est suffisante pour exciter des fréquences caractéristiques. Cette dernière condition limite l'utilisation de la méthode surtout quand un défaut de roulement est naissant et quand les variations d'entrefer ne sont pas significatives.

Le résultat produit dans le spectre du courant statorique par une modification de l'entrefer fait ressortir de part et d'autre de la fréquence fondamentale du courant des composantes espacées par la fréquence de rotation. Dans certains cas, ce résultat a été extrapolé pour l'analyse d'autres types de défaut. Ces extrapolations ont été adoptées

34

à la suite d'observations expérimentales pour la surveillance d'une boîte à engrenages. Elles limitent les investigations dans le spectre du courant et minimisent l'effet du défaut. En tout état de cause, la surveillance de la mécanique par analyse du courant statorique est un domaine en pleine évolution. La seule condition pour la détection des défauts mécaniques de manière fiable à partir de l'étude du courant statorique est de passer par une reformulation des interactions électromécaniques si possible à l'aide d'outils de simulation numérique.

CHAPITRE 2

CHAPITRE 2

[1]SURVEILLANCE DES PARTIES MÉCANIQUES PAR LE FLUX DE DISPERSION DE LA MACHINE ÉLECTRIQUE

2.1 Introduction

Le diagnostic des machines électriques s'est fortement développé dans l'industrie pour répondre aux besoins des applications qui nécessitent une chaîne de production très fiable. Toutefois, ces chaînes de production doivent être dotées de systèmes de protection fiables car une quelconque défaillance, peut mener à un dommage matériel ou corporel inévitable. Pour remédier à ce problème, les chercheurs ont développé des méthodes de diagnostic pour soigner aux arrêts, dus à des défaillances électriques ou mécaniques. La prévention des défaillances mécaniques est très importante pour un fonctionnement plus sûr, un coût de fabrication moins élevé et une bonne qualité des produits. Pour la surveillance des comportements mécaniques des systèmes, plusieurs solutions ont été proposées avec des capteurs de vibrations [Yua03] et l'analyse de la signature du courant de la machine électrique (MCSA) [1] [Hed07], [Kar06a], [Kar06b], [Moh06]. Bien que les signaux de vibration donnent de bonnes indications sur la surveillance, ils présentent de nombreux inconvénients en particulier le coût des capteurs et leur difficulté de mise en œuvre. L'analyse du courant statorique représente une alternative pour la surveillance des systèmes électromécaniques, car il est facilement accessible dans toutes les applications industrielles. Pour une application où le courant statorique n'est pas disponible, une autre alternative utilisant le flux de dispersion de la machine doit être considérée pour la surveillance du système. Depuis

---

[1] Machine current signature analysis

plus de 20 ans, la surveillance au moyen du flux de dispersion dans la machine à induction en utilisant une bobine exploratrice est considérée comme une technique efficace pour la surveillance électrique et mécanique non-invasive en raison de la mise en œuvre facile du capteur autour de la carcasse de la machine [Bac08], [Bel03], [Bel06], [Dem04], [Hen03a], [Hen03b], [Kok03], [Neg06], [Ras07]. Le flux de dispersion d'une machine à induction est un effet résiduel qui ne participe pas à la constitution du couple de sortie. Dans ce chapitre, le flux de dispersion sera considéré comme le flux magnétique qui rayonne hors de la machine.

Dans la référence [Kor09], il est indiqué que l'émission du champ de dispersion dans la direction radiale dépend de la perméabilité du corps du stator ainsi que des ampères-tours des enroulements statoriques. Il est mentionné que les fortes valeurs de la perméabilité de la carcasse entraînent de fortes émissions du flux de dispersion.

Dans la référence [Gom09], le flux de dispersion est utilisé comme indicateur pour la maintenance prédictive des moteurs de traction ferroviaire. Dans ce cas, il est possible de détecter la présence de corps étrangers en diagnostiquant les moteurs électriques avec la technique de l'analyse du flux de dispersion à la fois dans les sens axial et radial. L'avantage de cette méthode par rapport aux autres réside dans le fait que le moteur peut fonctionner dans des conditions normales sans besoin de l'arrêter.

Dans la référence [Bac08], une nouvelle procédure expérimentale est présentée. Elle utilise le flux de dispersion pour la détection des défauts du rotor et la détection de la tension déséquilibrée dans une machine à induction à cage triphasée. La méthode proposée a été testée en régime permanent pour l'alimentation sinusoïdale. Cette technique de détection est plus fiable que la méthode de MCSA surtout lorsque que la machine fonctionne à vide. Les effets des roulements et de l'excentricité sur le flux de dispersion sont vérifiés dans les références [Kok03], [Neg06]. Il est mentionné que les équations développées pour le spectre du courant statorique peuvent aussi être utilisées pour la détection par le flux de dispersion.

Dans la référence [Ras07], l'effet du comportement mécanique sur le flux de dispersion a montré que le spectre de cette variable présente des amplitudes plus importantes pour les fréquences mécaniques et donne ainsi des informations sur le comportement mécanique au moyen du spectre du courant statorique. Dans la référence [Ras08], une méthode de surveillance d'engrenage en utilisant la *fem* induite par le flux de dispersion dans une bobine exploratrice est proposée. Elle est basée sur la signature du courant du stator qui affecte directement le flux de dispersion.

Puisque le flux de dispersion est influencé par les courants du stator et du rotor, il peut donner des informations sur l'alimentation, les structures du stator et du rotor ainsi que sur la fluctuation de l'entrefer [Bac08], [Dem04], [Hen03a], [Hen03b]. En tenant compte du fait que le flux de dispersion contient des composantes de mêmes fréquences que celles observées dans le courant statorique, ce chapitre aura pour but d'étudier ce signal pour obtenir des indications sur l'état de la partie mécanique. Pour cela, un banc d'essai spécial se composant de deux machines à induction partageant le même système mécanique a été conçu. Il permet de mesurer l'impact du flux de dispersion sur la partie mécanique. La partie mécanique est étudiée pour les roulements, l'excentricité et les effets d'engrenage. La *fem* induite par le flux de dispersion dans la bobine exploratrice est mesurée sur deux machines à induction de 4kW, 230V/400V, 50Hz, 2 paires de pôles, à rotor bobiné et 5,5kW, 400V/690V, 50Hz, 4 paires de pôles à cage d'écureuil respectivement. Le spectre du signal mesuré est comparé pour chaque machine avec celui du courant correspondant pour analyser le comportement mécanique.

2.2 Théorie de base pour l'analyse du flux de dispersion

Pour une machine à induction triphasée, il est connu que le flux de dispersion est le résultat des effets des courants statorique et rotorique sur les extrémités de la machine: têtes de bobine, anneaux de court-circuit, arbre (Figure 2.1). Dans une machine triphasée idéale et pendant son fonctionnement normal, le flux de dispersion n'est pas mesurable. Par contre, il est toujours présent dans les machines électriques à courant alternatif à cause des dissymétries inhérentes à leur fabrication même avec une alimentation équilibrée. L'analyse du spectre du flux de dispersion donne des informations sur les phénomènes se produisant dans la machine à induction à cage. L'occurrence d'un défaut dans les enroulements du stator ou dans la cage rotorique entraîne une modification dans la distribution des fréquences d'espace dans l'entrefer et contribuera donc à l'accroissement du flux de dispersion. Ceci se reflète dans les courants du stator et du rotor en fonction de l'origine du défaut avec modification du spectre initial.

Pour une machine à induction en bon état, les caractéristiques structurelles des circuits du stator et du rotor sont évaluées du point de vue du spectre des courants du stator et du rotor. Le spectre des *fem* induites au stator et au rotor est influencé par la distribution discrète des mailles au stator et au rotor. Lorsque les topologies des circuits initiaux du stator et du rotor sont modifiées à cause de défauts électriques, le spectre des courants est également modifié. La caractéristique la plus intéressante dans le flux de dispersion est sa dépendance aux courants statoriques et rotoriques. Donc, l'étude du flux de dispersion et la détection des dissymétries exigent que les composantes fréquentielles des courants statoriques et rotoriques soient identifiées séparément. Conformément à la définition du flux de dispersion, son spectre contiendra des composantes fréquentielles dues aux courants statoriques et rotoriques.

La mesure du flux de dispersion s'effectue indirectement par la valeur instantanée de la *fem* induite aux bornes de la bobine exploratrice à proximité de la carcasse de la machine. Le spectre de cette *fem* permet l'identification des fréquences associées à chaque type de dissymétrie affectant la machine. Pour analyser ce signal en vue de la détection des défauts électriques de la machine à induction triphasée, il est nécessaire d'étudier les modifications introduites par ces défauts dans les fréquences d'espace et les fréquences venant de l'alimentation. Le flux de dispersion est utilisé pour détecter les défauts électriques dans les machines à induction [Bel06], [Dem04], [Hen03a], [Hen03b], en montrant la même efficacité que le courant statorique. Cette spécificité ainsi que le fait que les effets de la mécanique sont observés sur le spectre du courant statorique [Hed07], [Kar06a], [Kar06b], [Moh06], [Oba03b], [Blo06] autorisent l'utilisation du flux de dispersion pour la surveillance des défauts mécaniques.

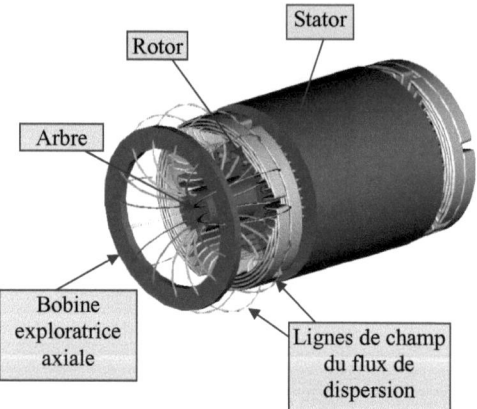

Figure 2.1. Représentation simplifiée de la mesure du flux de dispersion dans la machine à induction [Hen03a]

2.3 Analyse fréquentielle du signal

Le domaine fréquentiel se réfère à une représentation et à une analyse des données en fonction de la fréquence. Le signal dans le domaine temporel est transféré dans le domaine fréquentiel en appliquant une transformée de Fourier, sous la forme de l'algorithme dit rapide (FFT). Le principal avantage de ce dernier vient du fait que le caractère répétitif du signal est clairement affiché avec des fréquences discrètes. Cela permet de détecter des défauts qui génèrent des fréquences spécifiques. Cependant, l'inconvénient majeur de l'analyse fréquentielle est qu'une quantité importante d'information (transitoire, composantes non répétitives) se perdent dans la transformation. Ces informations ne sont pas récupérables sauf si des enregistrements du signal ont été réalisés (stockage en mémoire).

2.3.1 Transformée de Fourier

La transformation de Fourier (TF) a été introduite au $19^{\text{ème}}$ siècle par le baron Joseph Fourier et elle est utilisée dans de nombreux domaines: optique, électronique, électrotechnique et spécialement le diagnostic des machines électriques. La TF permet de passer de la représentation temporelle d'un signal x(t) à sa représentation fréquentielle, notée $X(f)$:

$$X(f) = \int_{-\infty}^{+\infty} x(t)e^{-i\omega t} dt \tag{2.1}$$

2.3.2 Transformée de Fourier discrète (TFD)

La transformée de Fourier discrète (TFD), d'une suite finie de N échantillons $\{x_0, x_1, ..., x_{N-1}\}$ est calculée selon la relation suivante [Pei96]:

$$X(k) = \sum_{n=0}^{N-1} x_n e^{-i\frac{2\pi nk}{N}} \qquad \text{pour } k = 0, 1, ... , N-1 \tag{2.2}$$

où le terme N représente le nombre de points de calcul de la TFD. Ce terme joue sur la précision du tracé. La transformée de Fourier discrète inverse est calculée par la relation suivante :

$$x_n = \frac{1}{N} \sum_{n=0}^{N-1} X(k) e^{i\frac{2\pi nk}{N}}$$

(2.3)

Si l'expression (2.2) est évaluée pour tous les entiers de $k = 0, 1, \ldots, N-1$, on

montre que la périodicité est N. La périodicité vient de la définition:

$$X(k+N) = \sum_{j=0}^{N-1} x_n e^{-i\frac{2\pi j(k+N)}{N}} = \sum_{j=0}^{N-1} x_n e^{-i\frac{2\pi jk}{N}} e^{-i2\pi j} = X(k)$$

(2.4)

2.3.3 Transformée de Fourier rapide (FFT)

La transformée de Fourier rapide (Fast Fourier Transform) est un algorithme de

calcul rapide de la TFD élaboré en 1965 par J. W. Cooley et J. W. Tuckey [Coo65].

L'algorithme de base de cette transformée utilise un nombre de points N puissance

entière de 2, ce qui permet d'obtenir un gain en temps de calcul, par rapport à la TFD:

$$Gain = \frac{N}{\log_2(N)}$$

(2.5)

2.3.4 Définition du spectrogramme et de la transformée de Fourier à court terme (STFT)

Le traitement du signal est largement utilisé dans l'analyse afin d'extraire des

informations nécessaires pour la surveillance et la détection des défauts. Dans les

approches traditionnelles, les signaux sont supposés stationnaires ce qui n'est pas

souvent le cas. Pour cela, les seules descriptions du temps ou de la fréquence ne sont

pas suffisantes pour fournir des informations complètes sur ces signaux. Une des

techniques utilisées pour le traitement du signal est la FFT classique (Fast Fourier

transform). Toutefois, la FFT classique appliquée sur des signaux non-stationnaires ne

peut pas décrire le changement de contenu spectral en fonction de temps. Ainsi, tous

les comportements dynamiques de composantes multifréquences sont réduits à un

vecteur singulier de valeurs ce qui mène à la perte d'informations. Pour cette raison,

43

l'utilisation de ce type de représentation n'est pas fiable pour les signaux non-stationnaires [Sej09]. Au contraire, l'analyse temps-fréquence est réservée aux signaux non-stationnaires.

Le "spectrogramme" est une technique qui permet d'analyser les signaux dans le domaine temps-fréquence. Le spectrogramme calcule la transformée de Fourier sur un horizon borné d'un signal qui est appelée la transformée de Fourier court terme (STFT :Short-Time Fourier Transform). Dans cette approche, le signal est divisé en intervalles de temps successifs et multiplié par une fonction fenêtre surlaquelle la transformée de Fourier est appliquée.

Pour déterminer les fréquences à un instant particulier, la STFT considère un segment du signal à cet instant et l'analyse en négligeant le reste du signal. L'analyse de chaque segment de temps détermine les fréquences qui existent dans ce segment. Enfin, pour chaque intervalle de temps, un spectre différent est obtenu et la totalité de ces spectres montre l'évolution dans le temps et donne la distribution temps-fréquence [Nag05]. La résolution en fréquence est déterminée par la longueur de l'intervalle de temps. Il y a donc une relation entre les résolutions en temps et en fréquence. Avoir une bonne représentation en temps conduit à une faible résolution en fréquence et vice versa. Toutefois, avoir une bonne résolution en fréquence conduit à une représentation du domaine temporel pauvre [Mar09].

La STFT du signal $s(t)$ peut être exprimée comme suit [Leo07]:

$$F_s(\tau,v) = \int_{-\infty}^{\infty} s(t).h^*(t-\tau)e^{-j\,2\pi vt}dt \tag{2.6}$$

où $F_s(\tau,v)$ montre la fonction de distribution complexe et $h^*(t-\tau)$ le conjugué de la fenêtre spectrale utilisée comme un noyau temps-fréquence. Le résultat obtenu par le produit $F_s(\tau,v).F_s^*(\tau,v)$ donne le spectrogramme.

2.4 Surveillance des parties mécaniques par le flux de dispersion

2.4.1 Description du banc d'essai

Un banc d'essai spécial est conçu afin de prouver l'efficacité de la détection des fréquences d'origine mécaniques par le flux de dispersion par rapport à la méthode MCSA.

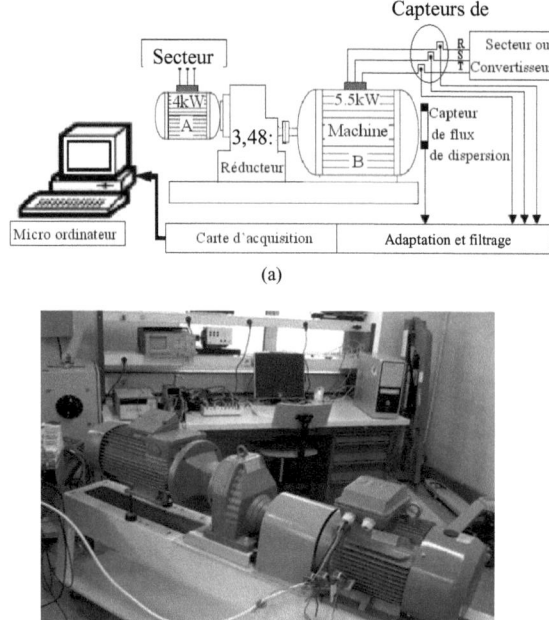

(a)

(b)

Figure 2.2. Configuration du banc d'essai pour la surveillance des parties mécaniques:
(a) Schéma bloc   -(b) Vue générale (photo)

Tableau 2.1. Paramètres des roulements pour chaque machine

Machine	Roulement		
	N_b	D_p (mm)	D_B (mm)
A	8	65	16
B	9	72,5	18,5

Comme le montre la figure 2.2, il y a deux machines à induction. La première est de 4kW, 50Hz, 230V/400V, 2 paires de pôles, 36 encoches rotoriques, rotor bobiné

45

(machine A), alors que la deuxième est de 5,5kw, 50Hz, 400V/690V, 4 paires de pôles, 44 barres rotoriques, à cage d'écureuil (machine B). Ces deux machines sont reliées entre elles par un engrenage avec un rapport de 3,48:1. L'engrenage relié à l'axe de la machine A a 21 dents alors que celui reliée à la machine B a 73 dents. Les paramètres des roulements pour chaque machine sont donnés dans le Tableau 2.1. Les essais sont réalisés avec une alimentation par le réseau électrique.

La surveillance des roulements et de l'excentricité est réalisée avec l'alimentation par le réseau électrique à 50 Hz alors que les essais de surveillance de la boîte à engrenages sont effectués avec l'alimentation par le réseau électrique à 50 Hz et par l'alimentation à fréquence variable par convertisseur statique.

Dans le cas d'alimentation par convertisseur, la machine à induction est commandée en boucle ouverte avec trois fréquences différentes : 20Hz, 30Hz et 50Hz (fréquence de commutation à 4 kHz) à 10% de la charge nominale. Chaque essai est réalisé en mode moteur et la charge est contrôlée par l'autre machine qui est alimentée en mode frein. La *fem* induite dans la bobine exploratrice par le flux de dispersion et le courant du stator pour chaque machine, sont adaptés en amplitude, filtrés pour éviter le repliement du spectre et appliqués aux entrées d'une carte d'acquisition installée dans un microordinateur (16-bits, 8 canaux différentiels, fréquence d'échantillonnage maximale 333kHz). L'acquisition et le traitement des informations sont réalisés dans l'environnement MATLAB. Le temps d'acquisition est *T=10s* avec une fréquence d'échantillonnage de 10kHz et un nombre de points de 100000. Cela donne une résolution fréquentielle de 0,1Hz. Les signaux obtenus sont traités par la transformée de Fourier rapide (FFT) en utilisant la fenêtre de Hanning. Les spectres sont normalisés en utilisant la composante principale (50Hz) comme référence à 0dB.

2.4.2 Résultats expérimentaux

Avec le banc d'essai proposé, le premier objectif est de vérifier si l'information fournie par le spectre du courant de stator sur la partie mécanique est située aux mêmes fréquences que dans le spectre de flux de dispersion. Cette procédure est appliquée pour les roulements, puis pour l'excentricité du rotor et finalement pour la boîte à engrenages. Sachant que la charge agit comme un amortisseur sur l'amplitude des composantes du courant statorique [Moh06], [Oba03b], l'étude expérimentale est réalisée avec des charges assez faibles.

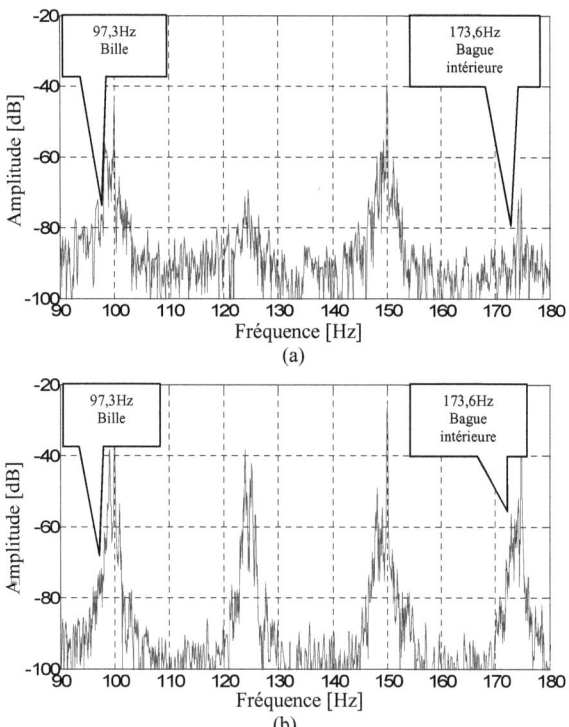

Figure 2.3. Représentation des quelques fréquences des éléments du roulement pour la machine A avec 20% de charge nominale (f_r=24,8Hz): (a) Courant statorique. (b) *fem* du flux de dispersion.

En utilisant les expressions (1.11) - (1.18) et l'information fournie par le Tableau 2.1, les composantes fréquentielles du courant statorique pour les billes et la bague intérieure des roulements sont calculés pour les machines A et B. La figure 2.3 montre la localisation de ces fréquences dans les spectres du courant statorique et du flux de dispersion. La machine A fonctionne à 20% de sa charge nominale en tournant à la vitesse donnant la fréquence 24,8Hz. L'effet de bille est remarqué à la fréquence 97,3Hz et il est visible dans le spectre du flux de dispersion. Par contre, cet effet n'est pas clair dans le spectre du courant statorique. Cette différence est plus remarquable avec la fréquence de la bague intérieure de 173,6Hz.

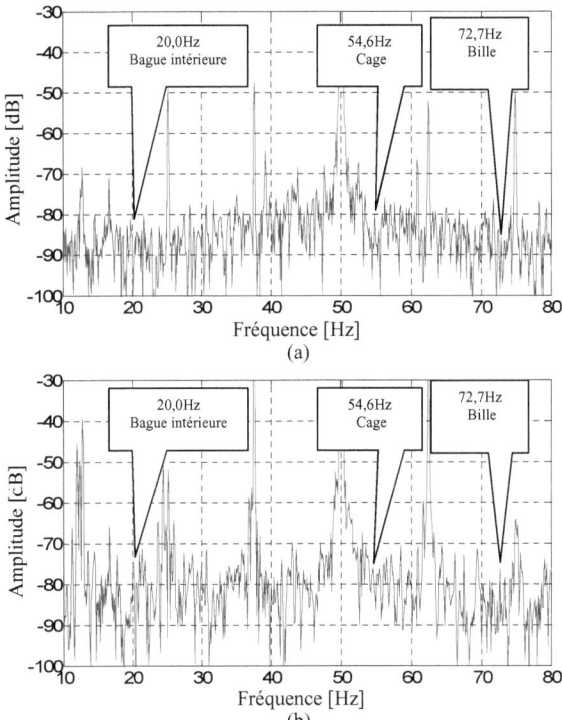

Figure 2.4. Représentation des quelques fréquences des éléments du roulement pour la machine B avec 38% de charge nominale (f_r=12,4Hz): (a) Courant statorique. (b) *fem* du flux de dispersion.

La comparaison des spectres du courant statorique et du flux de dispersion, montre que le second est plus affecté. La figure 2.4 montre les spectres du courant statorique et du flux de dispersion pour la machine B.

48

Tableau 2.2. Effet des roulements dans chaque machine

Machine	A			B		
	Fréquence [Hz]	dB		Fréquence [Hz]	dB	
		Courant statorique	fem flux de dispersion		Courant statorique	fem flux de dispersion
Bague intérieure	173,6	-84,5	-57,8	20,0	-85,0	-74,6
Bille	97,3	-77,0	-71,5	72,7	-85,8	-76,4
Cage	-	-	-	54,6	-80,0	-76,0

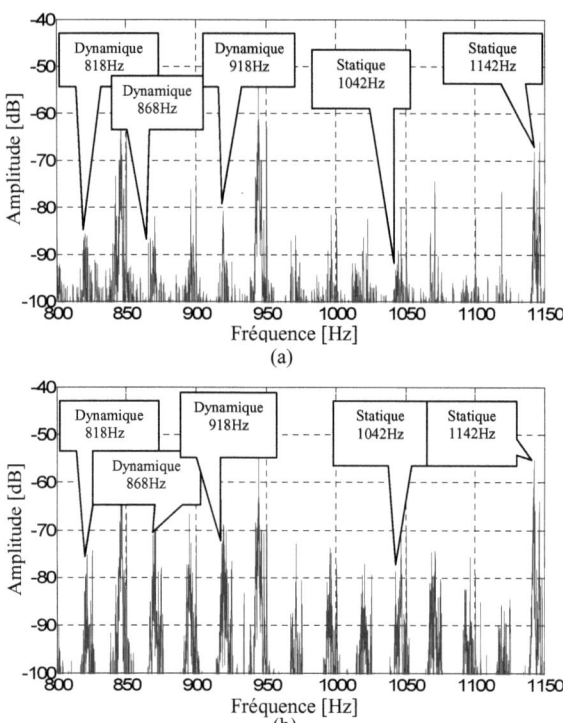

Figure 2.5. Représentation de quelques fréquences d'excentricité pour la machine A avec 20% de charge nominale (f_r=24,8Hz), 36 barres rotoriques: (a) Courant statorique. (b) fem du flux de dispersion.

Elle fonctionne à 38% de la charge nominale et tourne à la vitesse correspondant à la fréquence f_r=12,4Hz. L'effet de bille à la fréquence 72,7Hz est plus remarquable dans le spectre du flux de dispersion que dans le courant statorique. Pour la fréquence de bague intérieure, on remarque que le spectre du flux de dispersion est plus sensible que le spectre du courant statorique.

Pour la machine B, le flux de dispersion présente une influence plus importante que le courant statorique concernant le roulement. L'amplitude du flux de dispersion relative aux composantes fréquentielles de la bague intérieure et des billes est autour de 10dB supérieure à celles du courant statorique. La composante relative à la cage est plus importante dans le flux de dispersion que pour le courant du stator avec une différence de 5dB (Tableau 2.2).

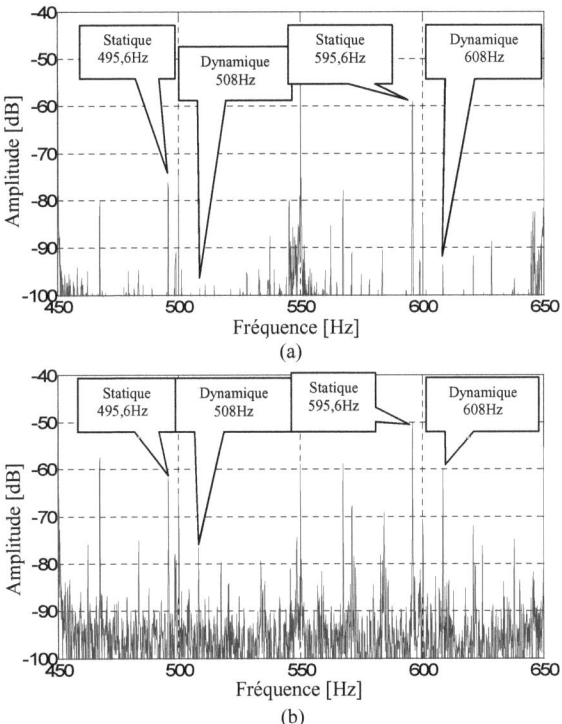

Figure 2.6. Représentation de quelques fréquences d'excentricité pour la machine B avec 38% de charge nominale (f_r=12,4Hz), 44 barres rotoriques: (a) Courant statorique. (b) *fem* du flux de dispersion.

L'autre effet mécanique analysé est l'excentricité. En utilisant l'expression (1.1), toutes fréquences latérales relatives aux excentricités statiques et dynamiques sont calculées pour les machines A et B. Ces fréquences sont présentes dans les spectres du courant de stator et du flux de dispersion.

Tableau 2.3. Effet de l'excentricité dans chaque machine

Machine	A			B		
	Fréquence [Hz]	dB		Fréquence [Hz]	dB	
		Courant statorique	*fem* flux de dispersion		Courant statorique	*fem* flux de dispersion
Statique	1042	-93	-78,7	495,6	-76,2	-62
	1142	-68	-55,3	595,6	-59	-50,2
Dynamique	818	-86	-80	508	-98,5	-76,5
	868	-87	-71	608	-93,8	-60
	918	-92	-73	-	-	-

Pour la machine A fonctionnant à 20% de la charge nominale (f_r=24,8Hz), on observe quelques fréquences dans la bande [800Hz, 1150Hz] (Figure 2.5). Ces fréquences relatives aux excentricités statiques et dynamiques montrent un niveau d'excentricité pour la machine A même en bon état en raison des tolérances de fabrication.

Par la comparaison des spectres du courant statorique et du flux de dispersion, on remarque la différence d'amplitude entre les composantes fréquentielles d'excentricité avec +15dB pour le flux de dispersion. Pour la machine B fonctionnant à 38% de la charge nominale (f_r=12,4Hz), les fréquences relatives aux excentricités statiques et dynamiques sont données dans la figure 2.6. On observe que les amplitudes des fréquences pour le flux de dispersion sont plus importantes que celles données par le courant statorique avec une différence de +30dB à 608Hz (Tableau 2.3).

Pour l'analyse de la boîte à engrenages, les expressions (1.32) - (1.38) sont utilisées pour calculer ses fréquences caractéristiques. Pour la machine A fonctionnant avec 20% de la charge nominale (f_r=24,8Hz), les spectres du courant statorique et du flux de dispersion sont calculées (Figure 2.7) dans la bande [450Hz, 600Hz]. Dans cette bande, les fréquences d'engrenage sont identifiées dans les deux spectres. Conformément aux cas précédents, le spectre du flux de dispersion permet une de détection plus importante que le spectre du courant statorique. Dans ce cas-ci, la différence d'amplitude est autour de +10dB pour les composantes observées.

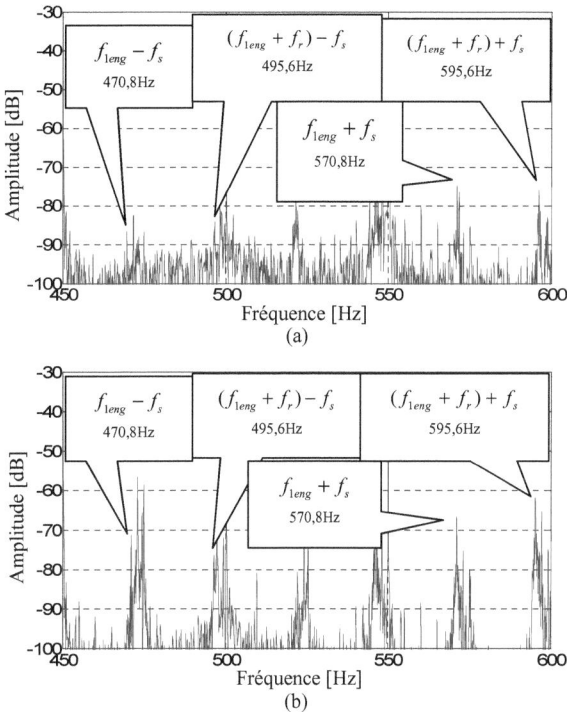

Figure 2.7. Représentation des bandes latérales des fréquences d'engrenage pour la machine A avec 20% de charge nominale (f_r=24,8Hz et g=0,008): (a) Courant statorique. (b) *fem* du flux de dispersion.

Pour la machine B fonctionnant avec 38% de la charge nominale (f_r=12,4Hz), la figure 2.8 montre les spectres dans la bande [800Hz, 1000Hz]. Dans cette bande, deux fréquences sont identifiées dans le spectre de flux de dispersion. Dans ce cas-ci, le spectre du courant statorique n'est pas sensible aux fréquences de l'engrenage (Tableau 2.4).

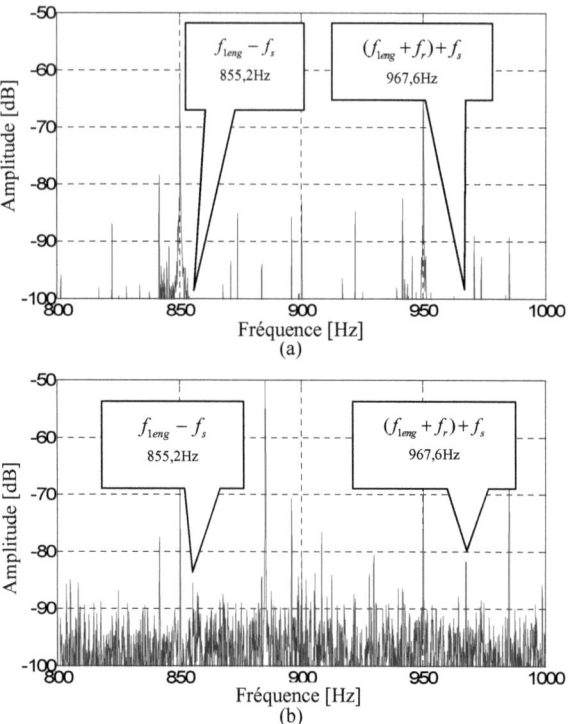

Figure 2.8. Représentation des bandes latérale des fréquences d'engrenage pour la machine B avec 38% de charge nominale (f_r=12,4Hz et g=0,008): (a) Courant statorique. (b) fem du flux de dispersion.

Tableau 2.4. Effet de la boîte à engrenages dans chaque machine

Machine					
A			B		
Fréquence [Hz]	dB		Fréquence [Hz]	dB	
	Courant statorique	fem flux de dispersion		Courant statorique	fem flux de dispersion
470,8	-85,8	-71,3	855,2	-	-85,6
495,6	-86,2	-76,5	967,6	-	-81,8
570,8	-75	-66,6	-	-	-
595,6	-76	-61,8	-	-	-

Comme il a été mentionné dans le chapitre précédent concernant les fréquences d'engrenage, une nouvelle formulation a été présentée en utilisant les expressions

53

(1.32- 1.38) dans le courant statorique. Dans ce chapitre, notre objectif est de valider ces expressions pour le flux de dispersion et de vérifier sa sensibilité par rapport à ces fréquences. Initialement, les essais sont effectués avec une alimentation par le réseau. Le premier test est effectué pour la machine A fonctionnant à 20% de sa charge nominale afin d'analyser le spectre du flux de dispersion et pour localiser les fréquences données par les expressions (1.32-1.38) § 1.5.2 pp. 29-30.

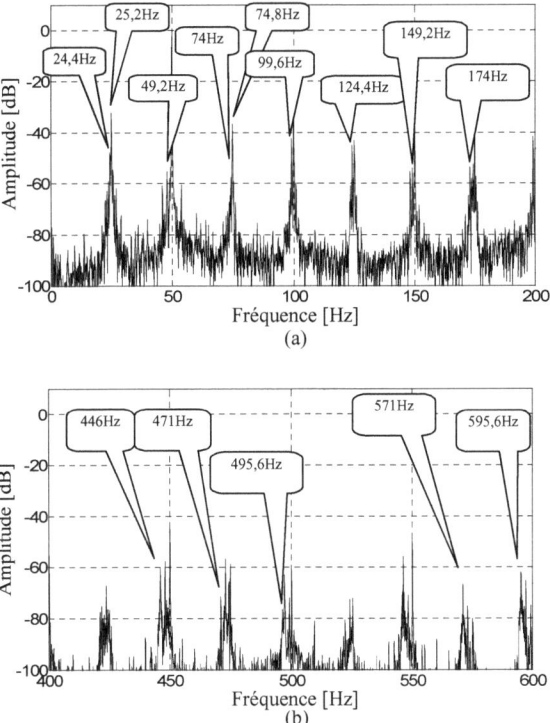

Figure 2.9. Représentation du spectre de la *fem* du flux de dispersion dans la machine A alimentée par le réseau à 50Hz et avec 20% de la charge nominale: (a) Bande [0Hz-200 Hz] -(b) Bande [400Hz-600Hz].

Comme le montre la figure 2.9.a, certaines fréquences de rotation d'entrée de la boîte à engrenages sont clairement observées (f_{b-eng1} avec f_s =50Hz, f_{r1} =24,8Hz et u =

1, 2, 3, 4, 5) dans la bande [0 Hz, 200 Hz] avec une amplitude supérieure à -60 dB.

Ces fréquences sont :

- avec u=1, 25,2Hz et 74,9Hz, avec u=2 99,6Hz, avec u=3, 24,4Hz et 124,4Hz,

- avec u=4, 49,2Hz et 149,2Hz, avec u=5, 74Hz et 174Hz.

Dans ce cas, les fréquences de rotation de la sortie de la boîte à engrenages ne

sont pas clairement observées. Dans la figure 2.9.b, les fréquences d'engrènement ($f_{b\text{-}eng3}$ avec f_{eng}=520,8Hz et w=1) sont localisées à 471Hz et 571Hz ainsi que les

fréquences relatives d'engrènement ($f_{b\text{-}eng5}$ avec u=w=1) à 446Hz, 595,6Hz et 495,6Hz

avec une amplitude supérieure à -80 dB.

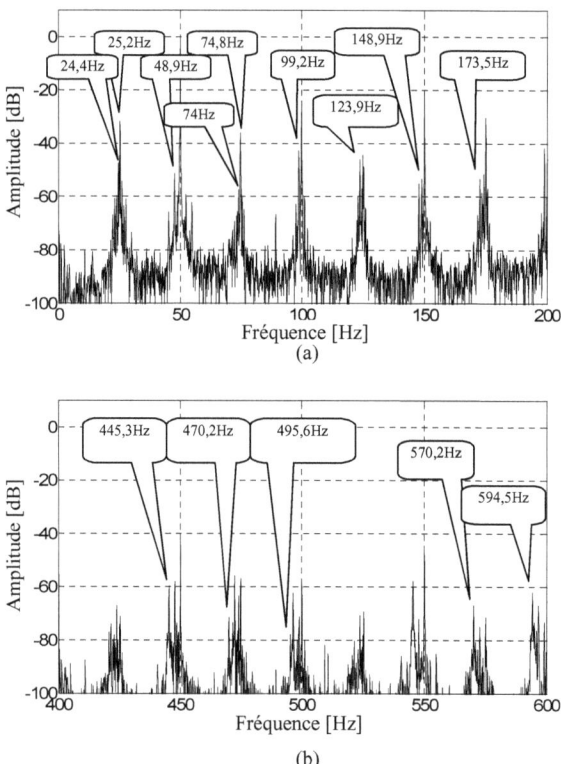

(b)

Figure 2.10. Représentation du spectre de la *fem* du flux de dispersion dans la machine A alimentée par le réseau à 50Hz et avec 30% de la charge nominale (a). Bande [0Hz-200 Hz]. (b). Bande [400Hz-600Hz].

Dans ce cas, $f_{b\text{-}eng6}$ n'est pas observée dans le spectre de la *fem* du flux de dispersion. Le deuxième essai est effectué sur la machine A fonctionnant à 30% de sa charge nominale (Figure 2.10). On constate que les fréquences d'engrenage ne sont pas modifiées car l'augmentation de la charge est faible (Tableau 2.5).

Dans le troisième essai, la machine B est testée avec 38% de la charge nominale. Dans ce cas, les fréquences de rotation d'entrée ($f_{b\text{-}eng1}$ avec f_{r1} =12,4Hz et u=1, 2, 3, 4) et de sortie ($f_{b\text{-}eng2}$ avec f_{r2} =43,1Hz et v=1) de la boîte à engrenage sont clairement observées dans la bande [0 Hz, 200 Hz] (Figure 2.11.a). Dans ce cas, les fréquences d'engrènement et les fréquences relatives d'engrènement sont observées (Figure 2.11.b). Le tableau 2.6 donne les résultats des fréquences d'engrenage observées pour la machine B. Malgré des essais précédents avec la machine A, certaines fréquences de rotation de sortie (898,3Hz et 998,3Hz) sont différenciées avec une amplitude supérieure à -90dB.

Tableau 2.5. Quelques fréquences d'engrenage observées dans le spectre du flux de dispersion de la machine A alimentée par le réseau

Machine A		Fréquences [Hz]					
		Charge (% de la charge nominale)					
		20%			30%		
f_{r1}		24,8			24,7		
f_{r2}		7,2			7,1		
$f_{b\text{-}eng1}$	u=1	25,2	74,9		25,2	74,8	
	u=2	0,4	99,5		0,4	99,2	
	u=3	24,5	124,3		24,4	123,9	
	u=4	49,2	149,2		48,9	148,9	
	u=5	74,2	174		74	173,5	
$f_{b\text{-}eng2}$	v=1	-	-		-	-	
$f_{b\text{-}eng3}$	w=1	471	571		470,2	570,2	
$f_{b\text{-}eng5}$	u=w=1	446	495,6	595,6	445,3	494,8	594,5
$f_{b\text{-}eng6}$	v=w=1	-	-		-	-	
$f_{b\text{-}eng7}$	u=v=w=1	-	-		-	-	

Avec l'alimentation par le réseau, la fréquence d'engrènement et les fréquences relatives d'engrènement sont observées dans le spectre de la *fem* du flux de dispersion alors qu'elles ne peuvent pas être détectées dans le spectre du courant statorique

[Hed07]. D'autres essais sont effectués avec alimentation par convertisseur statique à vide afin de minimiser l'influence de la charge. Ces essais sont relatifs à chaque machine pour trois fréquences d'alimentation 20Hz, 30Hz et 50Hz afin de vérifier l'influence de la fréquence de rotation d'entrée sur le comportement mécanique de la boîte à engrenages.

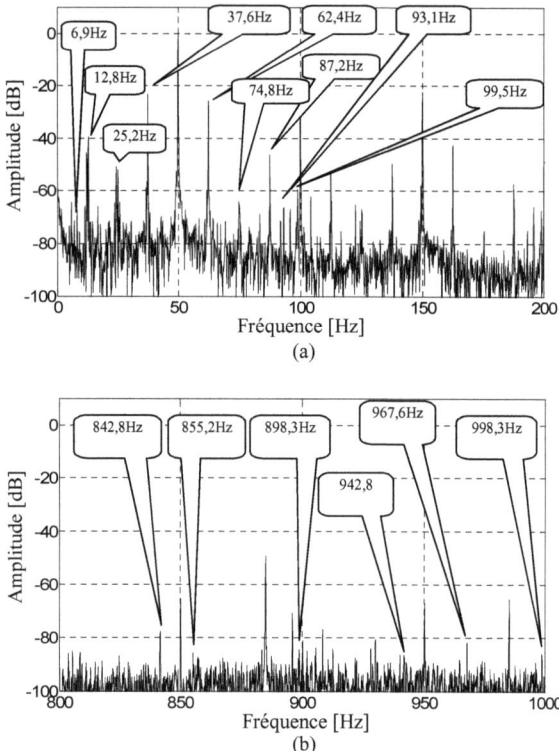

Figure 2.11. Représentation du spectre de la *fem* du flux de dispersion dans la machine B alimentée par le réseau à 50Hz et avec 38% de la charge nominale: (a). Bande [0Hz-200 Hz] -(b). Bande [800Hz-1000Hz].

On observe que l'influence du convertisseur sur le spectre de la *fem* du flux de dispersion est importante concernant le niveau de bruit. La valeur moyenne du bruit dans les essais précédents avec l'alimentation par le réseau électrique est autour de -90dB alors qu'avec l'alimentation par convertisseur elle est de -70dB.

Tableau 2.6. Quelques fréquences d'engrenage observées dans le spectre du flux de dispersion de la machine B alimentée par le réseau

Machine B		Fréquences [Hz]		
		Charge (% de la charge nominale)		
		38%		
f_{r1}		12,4		
f_{r2}		43,1		
$f_{b\text{-}eng1}$	$u=1$	37,6	62,4	
	$u=2$	25,2	74,8	
	$u=3$	12,8	87,2	
	$u=4$	-	99,5	
$f_{b\text{-}eng2}$	$v=1$	6,9	93,1	
$f_{b\text{-}eng3}$	$w=1$	855,2	-	
$f_{b\text{-}eng5}$	$u=w=1$	842,8	942,8	967,6
$f_{b\text{-}eng6}$	$v=w=1$	898,3	998,3	
$f_{b\text{-}eng7}$	$u=v=w=1$	-	-	

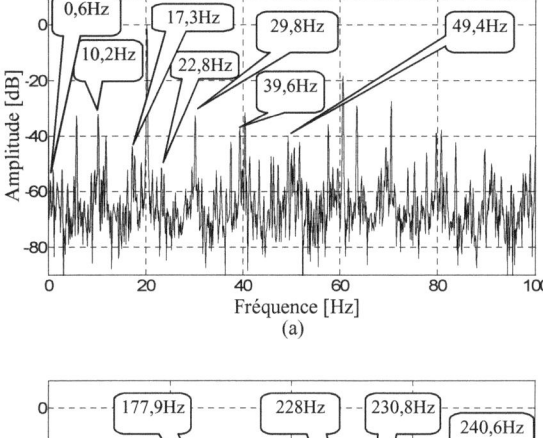

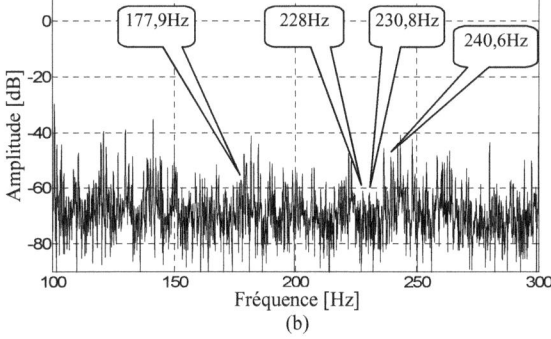

Figure 2.12. Représentation du spectre de la *fem* du flux de dispersion dans la machine A à vide alimentée par le convertisseur à 20Hz: (a) Bande [0Hz-100 Hz] -(b) Bande [100Hz-300Hz].

Tableau 2.7. Quelques fréquences d'engrenage observées dans le spectre du flux de dispersion de la machine A alimentée par convertisseur

Machine A		Fréquences [Hz]					
f_s		20		30		50	
f_{r1}		9,8		14,8		24,8	
f_{r2}		2,8		4,3		7,2	
f_{b-eng1}	$u=1$	10,2	29,8	15,2	44,8	25,2	74,8
	$u=2$	0,6	39,6	0,5	59,6	0,5	99,6
	$u=3$	-	49,4	-	74,4	-	124,5
f_{b-eng2}	$v=1$	17,3	23,2	25,7	34,3	-	-
f_{b-eng3}	$w=1$	-	-	-	340,8	472	-
f_{b-eng5}	$u=w=1$	-	177,9	266	326	447,1	
f_{b-eng6}	$v=w=1$	-	-	-	345,1	-	587,5
f_{b-eng7}	$u=v=w=1$	-	240,6	-	-	-	-

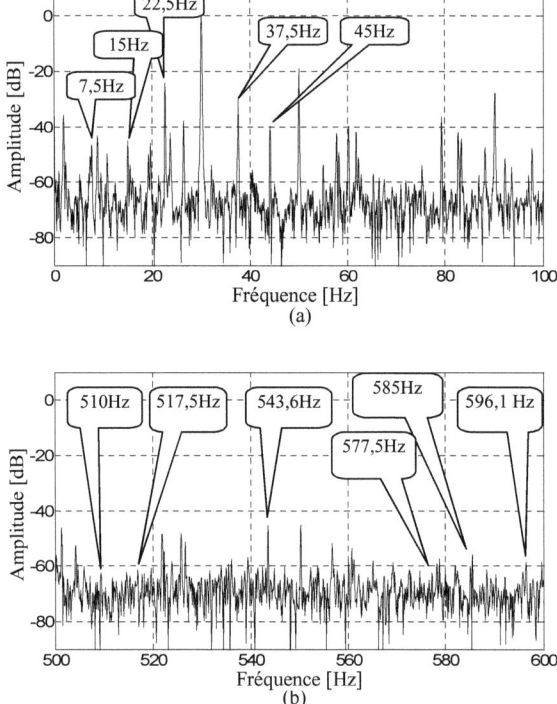

Figure 2.13. Représentation du spectre de la *fem* du flux de dispersion dans la machine B à vide alimentée par le convertisseur à 30Hz: (a) Bande [0Hz-100 Hz] -(b) Bande [500Hz-600Hz].

Pour la machine A fonctionnant à une fréquence fondamentale de 20 Hz, les fréquences $f_{b\text{-}eng1}$= 10,2Hz, 29,8Hz, 0,6Hz, 39,6Hz et 49,4Hz avec u=1, 2, 3, ainsi que $f_{b\text{-}eng2}$ = 17,3Hz et 23,2Hz avec v=1 sont observées (Figure 2.12.a). Dans la figure 2.12.b, entre la fréquence d'engrènement et les fréquences relatives d'engrènement, seule la composante à 240,6Hz est identifiable avec une amplitude de -50dB. Pour toutes les fréquences d'alimentation, les fréquences supérieures à -60dB sont évaluées (Tableau 2.7).

Tableau 2.8. Quelques fréquences d'engrenage observées dans le spectre du flux de dispersion de la machine B alimentée par convertisseur

Machine B		Fréquences [Hz]					
f_s		20		30		50	
f_{r1}		5		7,5		12,5	
f_{r2}		37,4		26,1		43,5	
$f_{b\text{-}eng1}$	u=1	15	25	22,5	37,5	37,5	62,4
	u=2	10	30	15	45	25,1	75
	u=3	5	35	7,5	-	12,6	87,5
	u=4	-	-	-	-	-	99,9
$f_{b\text{-}eng2}$	v=1	-	-	-	-	6,4	93,9
$f_{b\text{-}eng3}$	w=1	-	385	-	577,5	-	962
$f_{b\text{-}eng5}$	$u=w$=1	350	-	-	585	849,4	-
$f_{b\text{-}eng6}$	$v=w$=1	-	-	543,6	-	-	918,6
$f_{b\text{-}eng7}$	$u=v=w$=1	-	367,4	-	596,1	-	931,1

Pour la machine B alimentée à une fréquence de 30 Hz, les fréquences $f_{b\text{-}eng1}$ = 22,5Hz, 37,5Hz, 15Hz, 45Hz et 7,5 Hz avec u=1, 2 et 3, sont clairement observées dans la bande [0 Hz-100 Hz] (Figure 2.13.a). Exceptionnellement, les fréquences de rotation de la sortie ne sont pas observées comme auparavant. Certaines fréquences d'engrènement ($f_{b\text{-}eng3}$= 517,5Hz et 577,5Hz avec w=1) et des fréquences relatives d'engrènement ($f_{b\text{-}eng5}$= 510Hz et 585Hz avec $u=w$=1, $f_{b\text{-}eng6}$= 546,3Hz avec $v=w$= 1 et $f_{b\text{-}eng7}$= 596,1Hz avec $u=v=w$=1) sont observées (Figure 2.13.b). Les autres résultats pour d'autres fréquences alimentation sont donnés dans le Tableau 2.8 pour les composants d'amplitudes supérieures à -60dB. Ces derniers résultats montrent que certaines fréquences ont disparu du spectre de la *fem* du flux de dispersion.

2.5 Conclusions

Dans ce chapitre, l'analyse des résultats expérimentaux a montré que le flux de dispersion mesuré autour d'une machine à induction (à cage ou à rotor bobiné) est affecté par le comportement mécanique des roulements, de la boîte à engrenages et de l'excentricité. Tous les essais présentés et aux charges faibles, le spectre de la *fem*, induite par le flux de dispersion dans la bobine d'exploratrice, montre des amplitudes les plus importantes dans les fréquences mécaniques en donnant des informations utiles sur le comportement. Il est donc possible de l'exploiter pour la surveillance en utilisant des capteurs non invasifs et non coûteux.

Une méthode utilisant le flux de dispersion est proposée pour surveiller la boîte à engrenages. Elle est basée sur la signature du courant statorique qui affecte directement le flux de dispersion. Pour le système électromécanique en bon état, certaines fréquences caractéristiques d'une boîte à engrenages ont été analysées. Les résultats obtenus montrent que le flux de dispersion amplifie les fréquences d'engrènement et les fréquences relatives d'engrènement, non identifiées dans le courant statorique. En revanche, certaines fréquences associées aux fréquences d'entrée et de sortie ne sont pas identifiées en fonction du type de la machine à induction (à rotor bobiné ou à cage). Ces dernières observations seront utilisées pour poursuivre ce travail en utilisant le même banc d'essai mais avec des défauts dans la boîte à engrenages pour l'analyse de la sensibilité. Cette dernière condition sera prise en compte par des techniques avancées de traitement du signal afin de minimiser l'effet du bruit sur les composantes fréquentielles.

CHAPITRE 3

CHAPITRE 3

SURVEILLANCE D'UNE CHAINE CINEMATIQUE DE LEVAGE

3.1 Introduction

Dans le chapitre 1, nous avons présenté l'état de l'art et l'évolution des méthodes de surveillance de la partie mécanique d'un équipement complexe entraîné par une machine à induction à partir de la surveillance du courant d'alimentation. Nous avons passé en revue les procédés de détection de défauts qui sont intéressants pour des applications industrielles. Les méthodes présentées ont été validées dans des conditions de laboratoire sur des systèmes électromécaniques à échelle réduite. Nous avons pu observer les phénomènes électromécaniques les plus remarquables. Quelques méthodes originales de diagnostic ont permis le développement d'applications industrielles fiables avec des fondements théoriques bien établis (excentricité et défauts rotoriques). La littérature est riche d'autres méthodes qui ne sont pas complètement mûres et pour lesquelles l'interprétation des phénomènes observés n'est pas cohérente avec le principe cause-effet de la physique expérimentale. Par exemple, il s'agit de la détection des défauts dans les roulements. Dans le même ordre d'idée, on trouve des méthodes qui permettent l'évaluation des interactions électromécaniques et intègrent peu à peu des théories sur la détection de défauts mécaniques à partir de mesures électriques autour de la machine d'entraînement. Il s'agit des travaux développés pour le diagnostic des boîtes à engrenages.

En tout état de cause, les méthodes étudiées constituent un point de départ pour l'étude des systèmes électromécaniques complexes proches des applications industrielles. L'évolution de ces méthodes de diagnostic est envisageable avec la généralisation des méthodes existantes dans différentes applications industrielles. La généralisation d'une méthode implique la définition de son application dans des conditions clairement établies. La remise en cause demande une analyse plus approfondie des phénomènes mis en jeu dans les conditions particulières d'une application.

Certains travaux montrent l'influence de la charge sur les défauts mécaniques dans les machines à induction à cage triphasée de faible puissance [Oba00], [Oba03a], [Oba03b]. Dans [Oba03a] et [Oba03b]. Il a été mentionné que, lorsque machine à induction est chargée, la partie mécanique devient plus rigide et par conséquent les vibrations sont amorties. Toutefois, cette atténuation fait que certaines fréquences dans le spectre des vibrations sont indétectables en raison du rapport signal/bruit. De plus, le courant du stator est affecté par deux éléments. Le premier est relatif à la rigidité qui amortit la vibration globale de la machine et des composantes basses fréquences. Le deuxième est le changement de glissement qui est lié directement à la fréquence de rotation.

La référence [Ras09] montre l'effet du changement de charge de la machine à induction sur la détection des fréquences tournantes d'un système électromécanique complexe en cas de défaut de désalignement. Il a été constaté que l'augmentation de la charge amortit les fréquences tournantes.

Certains travaux ont été effectués pour surveiller les réducteurs classiques dans les systèmes électromécaniques par l'analyse des signaux électriques [Hed07], [Hed09a], [Moh06]. Dans cette perspective, le réducteur planétaire est un type de boîte à engrenage qui est très complexe et il y a peu de travaux sur sa surveillance.

La référence [Ras10a] montre l'effet du changement de charge de la machine à induction sur la détection des fréquences tournantes en cas de défaut du réducteur planétaire dans un système de levage. Il faut tenir compte du fait que lorsque la charge monte, le glissement est positif et la machine à induction fonctionne en mode moteur. Par contre, lorsque la charge descend, le glissement est négatif et la machine à induction fonctionne en mode générateur.

Dans ce chapitre, un banc d'essais industriel sera présenté. Il est constitué d'un système de levage grandeur nature (22kW) réalisé au CETIM et permettant de s'adapter à l'étude de plusieurs défaillances dans les composants et dans le processus de levage lui-même.

Notre analyse utilise les méthodes existantes pour ce système de levage afin de vérifier leur validité et de proposer des améliorations. Il s'agit de proposer une méthode de surveillance basée sur l'utilisation de grandeurs électriques mesurées autour de la machine d'entraînement. Les techniques de traitement du signal seront appliquées aux signaux provenant des capteurs électriques afin de concevoir un système de surveillance capable de détecter un maximum de défauts mécaniques.

Le système de levage utilisé a été instrumenté à l'aide de capteurs permettant de relever plusieurs grandeurs physiques comme les vibrations, l'émission acoustique, le bruit, la température, la vitesse de rotation, le couple ainsi que la tension et le courant au stator de la machine d'entraînement. Un système d'acquisition permet l'échantillonnage et le stockage de toutes les grandeurs mesurées. Sur ce banc d'essais, les défauts étudiés sont ceux qui sont les plus critiques et les plus fréquents d'après les industriels du domaine. Ces défauts sont analysés à différentes vitesses de fonctionnement et à différents niveaux de charge.

Dans ce chapitre, une partie des analyses sera présentée car elles sont les plus représentatives des conditions de fonctionnement du système de levage. Les défauts étudiés sont ceux du réducteur, du désalignement entre l'arbre du moteur d'entraînement et l'arbre d'entrée du réducteur, de la piste extérieure d'un roulement, du détoronnage du câble de levage et d'accrochage de la charge.

3.2 Description du banc d'essai

3.2.1 Composants

Le banc d'essais (Figure 3.1) est constitué des éléments suivants :

- Une charpente métallique de 8 m de hauteur

- Deux treuils de levage POTAIN complets de 22 kW chacun sur châssis et bridés au sol

- Une poulie baladeuse et son dispositif de guidage disposés au sommet de la tour

- Un câble reliant les tambours des deux treuils via la poulie baladeuse

- Un automate dédié au pilotage de l'ensemble

- Des dispositifs de protection pour assurer la sécurité des personnes

- Différents types de capteurs permettant la surveillance de l'ensemble

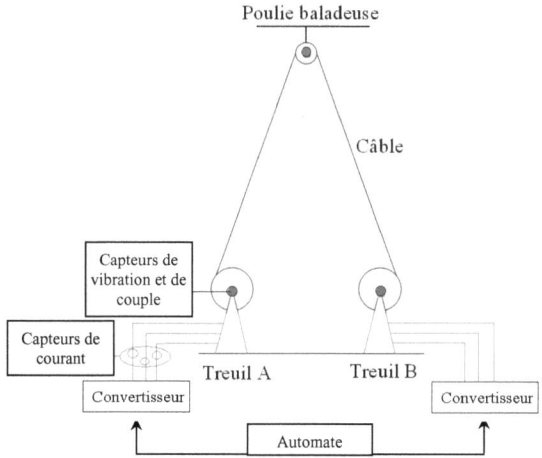

Figure 3.1. Démonstrateur de levage réalisé au CETIM.
Treuil A: Treuil de levage, Treuil B: Treuil de mise en charge

Le treuil de levage A fonctionne de manière identique à un treuil standard de grue à tour POTAIN. Il est piloté en vitesse et assure l'enroulement et le déroulement du câble. La consigne de vitesse est imposée par l'opérateur et sa vitesse de rotation reste quasi-constante aux erreurs d'asservissement près en régime stationnaire. Le treuil de mise en charge B est piloté en couple et simule une charge suspendue quel que soit le sens de rotation du treuil de levage A. La consigne de couple est imposée également par l'opérateur et assure un couple constant aux erreurs de régulation près en régime stationnaire. Pour l'étude de ce système, les signaux provenant des capteurs de vibration, de couple et de courant sont analysés.

Les caractéristiques des treuils de levage utilisés sont les suivantes :

- Puissance : 22 kW

- Entraînement par machine à induction à cage, 2 paires de pôles (p=2), 47Hz, 400V

- Charge statique maximale : 2,5 tonnes au brin

- Charge dynamique maxi : 1,5 fois la charge statique maximale

- Diamètre du câble : 14 mm

- Largeur de la nappe d'enroulement : 690,2 mm

- Diamètre d'enroulement du tambour : 710 mm

- Fins de course mécaniques à came

- Réducteur à engrenages planétaires à trois satellites avec trois trains de réduction. Rapport de réduction : 77,05

- Poids du treuil tout équipé : 1300 kg

Ce démonstrateur a été conçu pour l'étude des modes de fonctionnement stationnaires et transitoires. Dans un fonctionnement stationnaire, le câble se déroule d'une bobine pour venir s'enrouler sur l'autre via la poulie baladeuse. L'enroulement et le déroulement s'effectuent à vitesse et à charge constantes sur une seule couche d'enroulement de 100m environ. L'inversion du sens de rotation du treuil de levage A est commandée par le déclenchement de ses fins de course mécaniques. Ce mode de fonctionnement est adapté à la simulation de défaillances des composants. Le pilotage de ce démonstrateur permet de mettre en œuvre des phénomènes transitoires pour l'étude des défaillances du processus de levage.

3.2.2 Instrumentation

L'instrumentation de ce démonstrateur est totalement établie autour du treuil de levage A. Les capteurs installés permettent de relever plusieurs grandeurs physiques comme les vibrations, l'émission acoustique, le bruit, la température, la vitesse de rotation, le couple ainsi que la tension et le courant au stator de la machine d'entraînement. Sur la figure 3.2, les localisations des capteurs de vibration, de couple de sortie et de courants d'alimentation de la machine d'entraînement sont présentées.

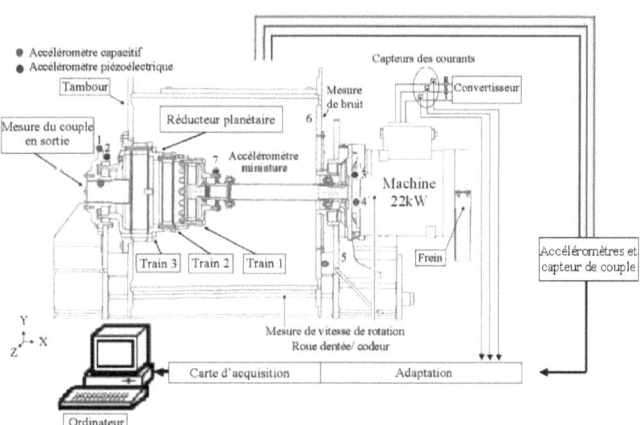

Figure 3.2. Instrumentation du treuil de levage A

Tableau 3.1. Désignation des capteurs utilisés pour la configuration I

Voie	Emplacement			Capteurs	Axe (cf. figure 3.2)
C1	PALIER GAUCHE	1		Capacitif	X
C2					Y
C3					Z
C4		2		Piézoélectrique	X
C6					Y
C5					Z
C7	AVANT MOTEUR	3		Capacitif	X
C10					Y
C8					Z
C11		4		Piézoélectrique	X
C12					Y
C13					Z
C14	Tambour			Top tour optique (145 tops/tour)	
C15	Moteur			8 tops/tour	
C16	Châssis	5		Piézoélectrique	X
C17	Arbre moteur			Déplacement	
C19	Variateur			Couple de levage	
C20		6		Microphone	
C21				Pince phase 1	
C22				Pince phase 2	
C23				Pince phase 3	
C24	Réducteur	7		Accéléromètre miniature	
C25				Thermocouple	
C26				Couple arbre de sortie	

L'acquisition des signaux est réalisée sur un système à 24 voies avec une résolution numérique de 24 bits et une fréquence d'échantillonnage de 25kHz. Ce système est associé à un ordinateur personnel qui permet le stockage et le traitement numérique des signaux. L'enregistrement de données utilisées, est présenté dans les tableaux 3.1 et 3.2. Dans le tableau 3.1, les voies utilisées pour les signaux vibratoires et acoustiques sont répertoriées tandis que dans le tableau 3.2 les voies C16, C17, C19 et C20 sont relatives à des signaux provenant d'un codeur optique installé en bout d'arbre moteur et les voies C21, C22, C23, C24, C25 et C26 sont utilisées pour l'acquisition des courants statoriques et des tensions triphasées d'alimentation de la machine électrique d'entraînement.

Tableau 3.2. Désignation des capteurs utilisés pour la configuration II

Voie	Emplacement		Capteurs	Axe (cf. figure 3.2)
C1	PALIER GAUCHE	1	Capacitif	X
C2				Y
C3				Z
C4		2	Piézoélectrique	X
C6				Y
C5				Z
C7	AVANT MOTEUR	3	Capacitif	X
C10				Y
C8				Z
C11		4	Piézoélectrique	X
C12				Y
C13				Z
C14	Tambour		Top tour optique (145 tops/tour)	
C15	Moteur		8 tops/tour	
C16			Top moteur	
C17			Couple ICM	
C19			1024 tops	
C20			Diviseur de tops	
C21			Pince phase 1	
C22			Pince phase 2	
C23			Pince phase 3	
C24			Sonde u-v	
C25			Sonde u-w	
C26			Sonde v-w	

3.2.3 Essais étudiés

Ce système de levage fonctionne à 5 vitesses de rotation différentes allant de 120 t/min à 3000 t/min, soit en descente soit en montée de charge (Tableau 3.3).

Tableau 3.3. Conditions de fonctionnement étudiées

Consigne de vitesse (t/min)		Consigne de charge (daN)			
		C_1	C_2	C_3	C_4
V_1	120	300	600	1000	2000
V_2	450	300	600	1000	2000
V_3	1350	300	600	1000	2000
V_4	2450	300	600		
V_5	3000	300	600		

Ce banc d'essai n'étant pas un banc d'endurance, l'étude des défauts est réalisée sur différents composants. Dans cette configuration, les défauts suivants sont étudiés:

- Usure d'engrenages

- Désalignement d'un arbre de transmission

- Roulement écaillé

- Détoronnage de câble

- Accrochage de charge

Pour ce banc d'essai, les essais en montée et en descente de charge pour 300daN et 1000daN à des vitesses de 120t/min et de 1350t/min sont présentés. Pour la vitesse 120t/min, le nombre d'échantillons est de 3 000 000 et pour 1350t/min il est de 2 250 000. Le traitement du signal est effectué avec l'utilisation de la fenêtre de Hanning qui permet une bonne définition des fréquences recherchées. En appliquant la méthode de Welch, le spectre est moyenné avec un taux de recouvrement de 50% afin de conserver la résolution de fréquence donnée par le temps d'acquisition initial et de minimiser le bruit de fond. Les spectres des signaux de vibration sont exprimés en [g] en échelle logarithmique, les spectres de couple sont exprimés en [dB] et normalisés par rapport au couple moyen et les spectres de courant d'alimentation sont exprimés en [dB] et normalisés par rapport à l'amplitude de la fréquence fondamentale. Pour une fréquence d'échantillonnage de 25kHz, la résolution de fréquence obtenue pour les essais à 120t/min est de $\Delta f_1 = 0,0083$Hz et pour les essais à 1350t/min est de $\Delta f_3 = 0,011$Hz. Suivant les notations du tableau 3.3., les essais sont désignés de la manière suivante :

V_1-C_1-M : essai à vitesse V_1, charge C_1 en montée

V_1-C_1-D : essai à vitesse V_1, charge C_1 en descente

V_1-C_3-M : essai à vitesse V_1, charge C_3 en montée

V_1-C_3-D : essai à vitesse V_1, charge C_3 en descente

V_3-C_1-M : essai à vitesse V_3, charge C_1 en montée

V_3-C_1-D : essai à vitesse V_3, charge C_1 en descente

V_3-C_3-M : essai à vitesse V_3, charge C_3 en montée

V_3-C_3-D : essai à vitesse V_3, charge C_3 en descente

3.3 Défaut du réducteur planétaire étudié

3.3.1 Réducteur étudié

Le type de réducteur utilisé a une configuration particulière qui permet la mise en cascade de trois étages planétaires pour entraîner le tambour du treuil. Dans cette configuration, les couronnes de ces trois réducteurs sont associées au tambour (Figure 3.3). A l'intérieur de ce système, l'axe solaire du réducteur planétaire 1 reçoit la puissance mécanique imposée par la machine électrique d'entraînement, qui est ensuite transmise sur l'axe du porte-satellites qui relie trois engrenages et sur la couronne correspondante. A son tour, l'axe solaire du réducteur planétaire 2 reçoit la puissance mécanique transmise par l'axe du porte satellite du planétaire 1, qui est ensuite transmise sur l'axe du porte-satellites et sur la couronne correspondante. Finalement, l'axe solaire du réducteur planétaire 3 reçoit la puissance mécanique transmise par l'axe du porte-satellite du planétaire 2 qui est ensuite transmise sur la couronne associée seulement.

Les trois axes des satellites du train planétaire 1 (le plus rapide) ont été remplacés par des axes rectifiés de 50µm approximativement pour simuler une usure avancée du guidage en rotation. Cette modification affecte la rotation des engrenages solaires ainsi que celle du porte-satellites. Il faut signaler que l'accéléromètre placé sur le palier interne du réducteur près du train planétaire 1 et qui tourne de manière synchrone avec l'ensemble (vitesse de la couronne nulle vue par ce capteur) permet l'observation du comportement de ce dernier sous défaut dans un repère tournant avec la couronne.

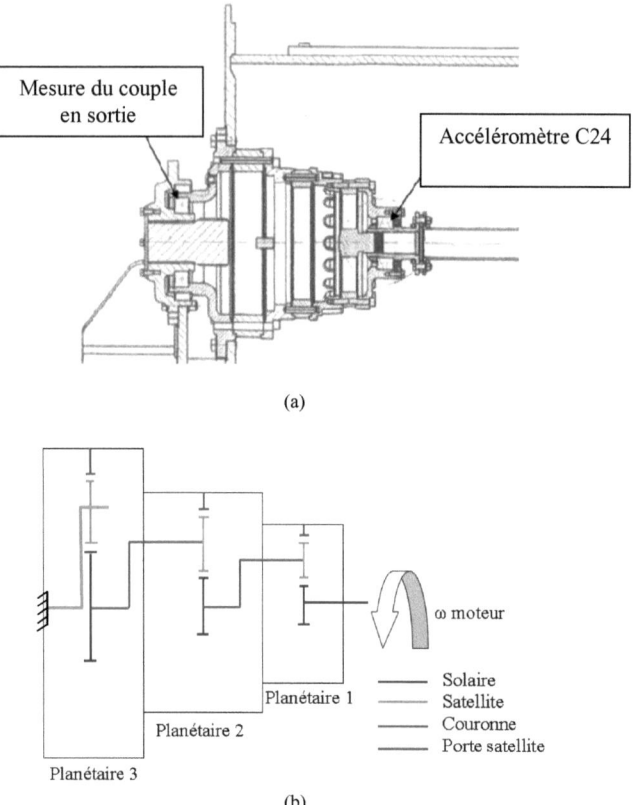

(a)

Planétaire 1

Planétaire 2

Planétaire 3

(b)

Figure 3.3. Réducteur à engrenages planétaires avec trois trains de réduction:
(a) Coupe transversale – (b) Liaisons internes

3.3.2 Détection d'un défaut du réducteur planétaire

Pour l'étude d'un défaut dans le train planétaire 1, le référentiel utilisé est celui de

la machine d'entraînement où tous les engrenages sont en mouvement. En appliquant

l'expression (1.39) au train réducteur 1, on obtient :

$$\frac{\omega_{11} - \omega_{ps1}}{\omega_{31} - \omega_{ps1}} = -\frac{Z_{31}}{Z_{11}} \qquad (3.1)$$

avec,

$$\omega_{ps1} = \frac{\omega_{11}}{R_{ps1}}$$

73

$$\omega_{31} = \frac{\omega_{11}}{R_{c1}}$$

R_{ps1} : rapport de réduction obtenu sur l'axe du porte-satellite 1

R_{c1} : rapport de réduction obtenu sur la couronne 1 et correspondant au rapport de

réduction total

L'expression (1.40) permet d'exprimer R_{ps1} en fonction de R_{c1} et du nombre de dents

de l'engrenage solaire 1 et de la couronne 1 :

$$R_{ps1} = R_{c1} \frac{1 + \dfrac{Z_{31}}{Z_{11}}}{R_{c1} - \dfrac{Z_{31}}{Z_{11}}} \qquad (3.2)$$

En sachant que pour le train réducteur 2 la vitesse de l'axe solaire 2 est égale à la

vitesse du porte-satellite 1 ($\omega_{12} = \omega_{ps1}$) et la vitesse de la couronne 2 est la même que

celle de la couronne 1 ($R_{c2} = R_{c1} / R_{ps1}$), l'expression (3.2) est appliquée au train 2 pour

obtenir la relation suivante :

$$R_{ps2} = \frac{R_{c1}}{R_{ps1}} \frac{1 + \dfrac{Z_{32}}{Z_{12}}}{\dfrac{R_{c1}}{R_{ps1}} - \dfrac{Z_{32}}{Z_{12}}} \qquad (3.3)$$

Le train de réduction 3 fait la transmission sur sa couronne 3 laquelle tourne à la

même vitesse que les deux autres et donc :

$$R_{c3} = \frac{R_{c1}}{R_{ps1} R_{ps2}} \qquad (3.4)$$

À partir de la vitesse de l'arbre moteur ω_{11}, du rapport total de réduction R_{c1} et du

nombre de dents des trois trains d'engrenages, on détermine les vitesses

intermédiaires ainsi que les fréquences d'engrènement des trois trains planétaires pour

appliquer les expressions (1.32) à (1.38) développées dans le chapitre 1 pour la

détection du défaut dans les engrenages.

Les caractéristiques des engrenages du réducteur planétaire sont données dans le Tableau 3.4. D'après les calculs réalisés par POTAIN, le rapport de réduction total est $R_{c1} = 77,049$.

Tableau 3.4. Nombre des dents pour les différents engrenages

Trains de Planétaire	Nombre de dents		
	Parties		
	Solaire	Satellite	Couronne
Train 1	27	23	75
Train 2	15	18	72
Train 3	27	20	69

Pour cette analyse, les variables utilisées sont la fréquence de rotation de l'arbre de la machine d'entraînement f_r, la fréquence d'engrènement du train planétaire 1 f_{ep1} et son troisième harmonique $3.f_{ep1}$ ainsi que la fréquence de rotation du tambour f_{tam} qui correspond à la fréquence de rotation des trois couronnes. Dans le spectre des différents signaux étudiés, la localisation des fréquences de rotation f_r et f_{tam} fixe un repère pour tous les essais avec $f_{tam} / f_r = R_{c1}$, afin d'identifier les fréquences donnant une image du défaut du train réducteur 1. La fréquence de rotation f_r est la première à être identifiée en fonction de la fréquence fondamentale du courant d'alimentation f_s et du nombre de paires de pôles de la machine d'entraînement ($p=2$). Pour sa localisation, on utilise l'expression suivante:

$$f_r \approx \frac{f_s}{p} \tag{3.5}$$

Ce type de défaut est localisé sur le spectre du courant statorique dans les fréquences données par expressions (1.32) à (1.34):

$$f_{réd11} = f_s \pm u f_r \quad \text{avec } u=1,2,3,... \tag{3.6}$$

$$f_{réd12} = f_s \pm v f_{tam} \quad \text{avec } v=1,2,3,... \tag{3.7}$$

$$f_{r\acute{e}d13} = f_s \pm w f_{ep1} \quad \text{avec } w=1,2,3,...\tag{3.8}$$

La fréquence d'engrènement du train réducteur 1 f_{ep1} est calculée à partir des formules (1.42) et (3.2) en fonction des caractéristiques de construction et de la fréquence de rotation de l'arbre de la machine d'entraînement :

$$f_{ep1} = \frac{1 + \dfrac{1}{R_{c1}}}{1 + \dfrac{Z_{31}}{Z_{11}}} Z_{31} f_r\tag{3.9}$$

3.4 Défaut de désalignement étudié

Le désalignement a été réalisé en inclinant d'un angle de 45' l'axe du moteur par rapport à celui du réducteur (pour un angle de 30' maximum toléré) au moyen d'une cale insérée entre le flasque du moteur et le corps de palier du tambour (Figure 3.4). Dans ce montage, on a veillé à ne pas soumettre l'accouplement à des contraintes axiales afin que la déformation dans cette direction soit inférieure à 1 mm [Sie07].

Ce désalignement crée une charge radiale qui pousse le rotor du côté où la cale pentée a été installée. Quand le rotor tourne, cette charge radiale tourne également et induit une modulation de l'entrefer de la machine d'entraînement avec un effet combiné des excentricités statique et dynamique et/ou des efforts supplémentaires dans le sens de la torsion.

La rotation de cette charge produit une vibration avec une fréquence fondamentale correspondant à la fréquence de rotation de l'arbre [Mus95]. Dans la machine d'entraînement, cette excentricité induit un déséquilibre des forces électromagnétiques dans l'entrefer qui renforce la charge radiale de déséquilibre initial et qui module la vibration produite en fonction du glissement [Fin00]. Les accéléromètres localisés près de l'accouplement entre la machine d'entraînement et le support du tambour donnent une image de ces conditions de fonctionnement (Figure 3.5).

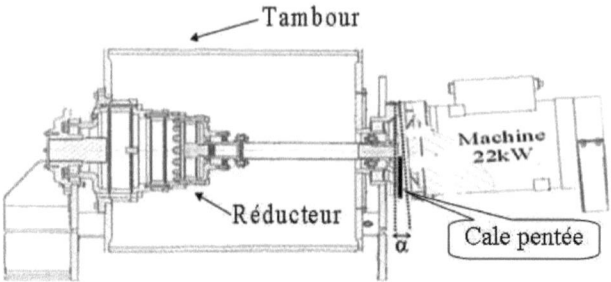

Figure 3.4. Mise en place de la cale pentée pour le défaut de désalignement

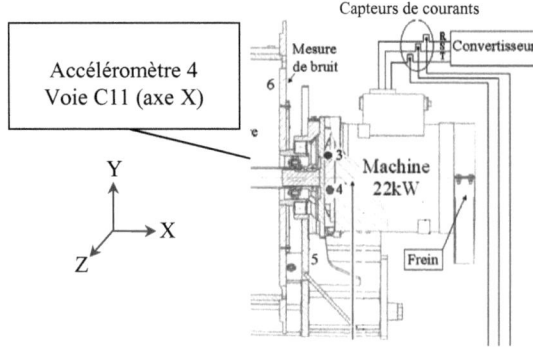

Figure 3.5. Accéléromètre 4 installé sur la machine d'entraînement près de l'accouplement avec le support du tambour

3.5 Défaut du roulement étudié

Le roulement mis en défaut est localisé sur le côté droit du tambour (Figure 3.6) et possède la référence 6028-2RS (Figure 3.7). Sur celui-ci, un écaillage sur la piste extérieure à l'aide d'une meule cylindrique de faible diamètre (∅ 4mm) a été réalisé. Cet écaillage existe sur un secteur approximativement égal à la moitié de la largeur de la piste sur une profondeur maximale de 0,5mm et une largeur selon la direction axiale de 3mm. La position angulaire du défaut a été repérée sur l'extérieur de la bague par un léger marquage effectué avec la meule. Dans une condition de charge 1000 daN, les billes sont au contact de la piste au niveau du marquage [Sie07].

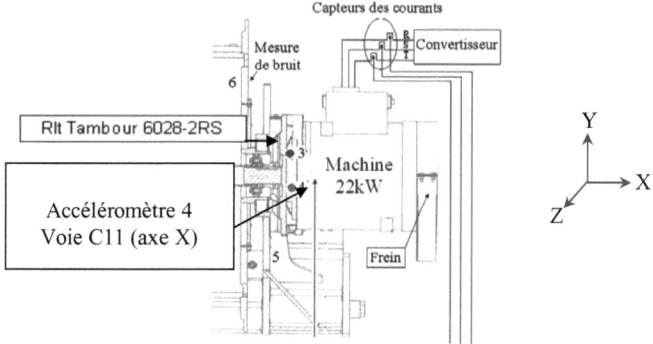

Figure 3.6. Localisation du roulement mis en défaut

L'influence de ce défaut sur le niveau de vibration généré dépend de sa position par rapport à la zone de charge. Ce niveau est plus important sur la zone de charge qu'en dehors de celle-ci [Sta04b], [Sta06] et la fréquence induite est donnée par l'expression (1.11) :

$$f_{be} = \left(\frac{N_b}{2}\right) f_{tam} \left(1 - \frac{D_b.\cos\beta}{D_p}\right) \qquad \text{pour la bague extérieure} \qquad (3.10)$$

avec :

f_{tam} : fréquence de rotation du tambour

N_b : nombre des billes du roulement (16)

D_p : diamètre primitif du roulement (175mm)

D_b : diamètre de la bille (20,5mm)

β : angle de contact de la bille (0°)

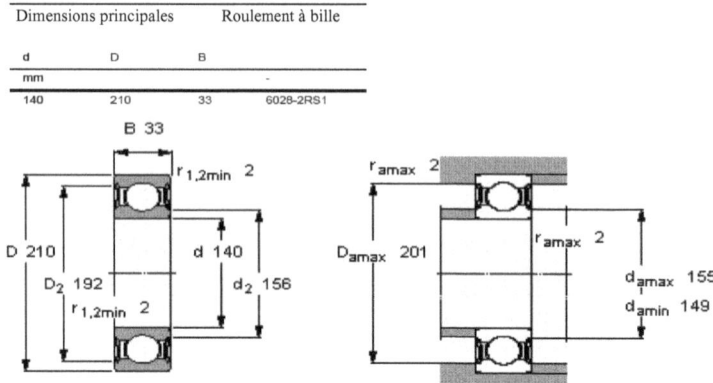

Figure 3.7. Caractéristiques du roulement 6028-2RS

Ce type de défaut a été analysé sur le courant statorique d'une machine à induction pour des roulements localisés dans la machine elle-même [Sch95a], [Blo08]. Pour cela, le défaut du roulement a été associé à une excentricité de l'entrefer et analysé sur les fréquences données par l'expression (1.15) :

$$f_{roulbe} = f_s \pm h\, f_{be} \quad \text{avec } h=1,2,3,... \tag{3.11}$$

Pour le défaut étudié sur le roulement du tambour du treuil qui est éloigné du rotor de la machine d'entraînement, l'effet d'excentricité sur le courant d'alimentation donné par l'expression (3.11) n'a pas été validé.

3.6 Défaut de détoronnage du câble

Les conditions d'exploitation du câble d'un système de levage exigent que ce système soit conçu de manière à assurer que le câble entre et sorte de la poulie parfaitement en alignement avec celle-ci. Dans la pratique, il est impossible d'éviter un léger angle de déflexion entre le câble et la poulie. L'effet de cet angle de déflexion se produit quand le câble entre sur la poulie et touche d'abord le flanc de la gorge et puis roule au fond de celle-ci. Cet effet de roulement provoque une sollicitation de torsion du câble. Ce phénomène sera d'autant plus significatif que le coefficient de frottement dans le contact avec la poulie sera élevé. La rotation générée dans le câble par un angle de déflexion excessif provoque un changement de la structure du câble. Une rotation de cette nature peut détoronner le câble pour finalement le détériorer prématurément [Ver.a].

Le défaut de détoronnage sera analysé dans le chapitre 4.

3.7 Accrochage de la charge

La simulation du défaut d'accrochage est réalisée en modifiant la consigne de la charge (par exemple : 10%, 20 % et 50 %, … de la charge nominale) en montée [Sie07]. Pour détecter le défaut d'accrochage de la charge, les configurations suivantes ont été étudiées (Tableau 3.5).

Tableau 3.5. Configurations étudiées pour la mise en évidence de l'accrochage de la charge

Vitesse	Charge	Sens	Accrochage	Durée de l'accrochage
	600daN	Montée	10%	20s
1350tr/mn	720daN	Montée	20%	20s
	900daN	Montée	50%	20s

3.8 Résultats expérimentaux

3.8.1 Analyse des résultats du défaut du réducteur

L'effet de l'état du réducteur sur le fonctionnement du treuil de levage est étudié à partir du couple de sortie sur le tambour, du courant d'alimentation de la machine d'entraînement et du la vibration du capteur le plus proche du défaut (C24). Dans cette partie, seules les fréquences caractéristiques du train planétaire 1 sont analysées. Pour les essais réalisés avec la charge en descente, le signal provenant du capteur C24 n'est pas disponible (V_1-C_1-D, V_1-C_3-D, V_3-C_1-D, V_3-C_3-D). Le premier test est effectué avec la fréquence d'alimentation de 4Hz et un niveau de charge de 300daN en montée pour deux conditions : sans défaut et avec défaut. Dans ce test, la vitesse de rotation de la machine est f_r=1,93Hz. La figure 3.8 montre les spectres du couple de sortie pour cette condition. La vitesse de rotation du moteur, la fréquence d'engrènement et le troisième harmonique de la fréquence d'engrènement sont détectés dans les spectres du couple de sortie. Le deuxième test est effectué en augmentant la charge à 1000daN. Dans ce cas, la vitesse de rotation de la machine est f_r=1,825Hz. Les résultats des deux tests pour le couple de sortie sont indiqués dans le tableau 3.6.

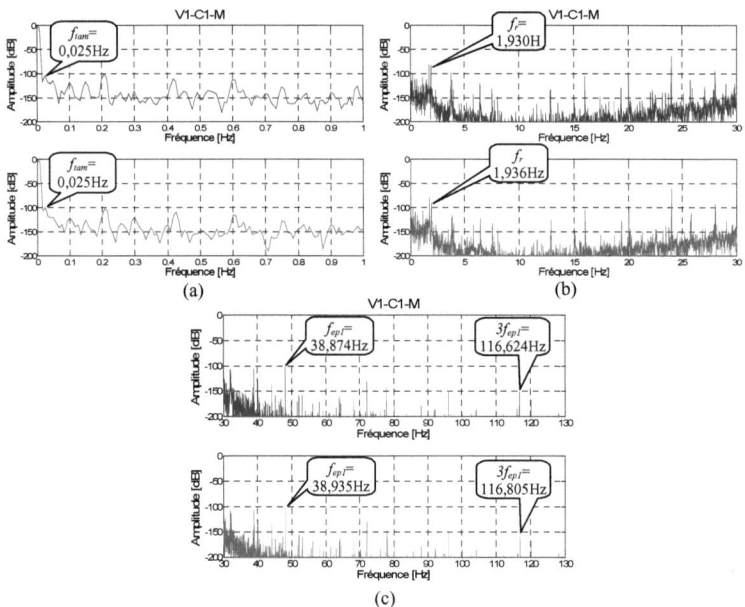

Figure 3.8. Spectre du couple de sortie pour l'essai V_1-C_1-M en bon état (en haut) et avec défaut (en bas): a) Bande [0Hz, 1Hz] – b) Bande [0Hz, 30Hz] – c) Bande [30Hz, 130Hz]

Par la comparaison des résultats entre l'état normal et l'état défectueux, on distingue qu'il n'y a pas beaucoup de différence entre les amplitudes des fréquences f_r, f_{tam}, f_{ep1} et $3f_{ep1}$. Dans certains cas, on remarque que les amplitudes des fréquences caractéristiques diminuent en mode défectueux. Par contre, lorsque la charge augmente à 1000daN, les amplitudes de ces composantes diminuent dans les conditions normales et défectueuses.

Tableau 3.6. Fréquences observées sur le couple de sortie pour les essais V_1-C_1-M et V_1-C_3-M en cas de défaut du train planétaire 1

	V_1-C_1-M				V_1-C_3-M			
	Bon état		Avec défaut		Bon état		Avec défaut	
	Fréq. [Hz]	Amp. [dB]	Fréq. [Hz]	Amp. [dB]	Fréq. [Hz]	Amp. [dB]	Fréq. [Hz]	Amp. [dB]
f_r	1,93	-84	1,936	-90	1,82	-93	1,825	-86
f_{tamb}	0,025	-105	0,025	-100	0,024	-	0,024	-
f_{ep1}	38,874	-105	38,935	-105	36,602	-120	36,702	-128
$3f_{ep1}$	116,624	-153	116,805	-157	109,806	-177	110,108	-177

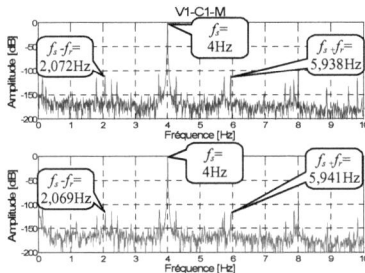

Figure 3.9. Spectre du courant d'alimentation pour l'essai V_1-C_1-M en bon état (en haut) et avec défaut (en bas) dans la bande [0Hz, 10Hz]

Tableau 3.7. Fréquences observées sur le courant d'alimentation pour les essais V_1-C_1-M et V_1-C_3-M en cas de défaut du train planétaire 1

	V_1-C_1-M				V_1-C_3-M			
	Bon état		Avec défaut		Bon état		Avec défaut	
	Fréq. [Hz]	Amp. [dB]	Fréq. [Hz]	Amp. [dB]	Fréq. [Hz]	Amp. [dB]	Fréq. [Hz]	Amp. [dB]
f_s	4	0	4	0	4	0	4	0
f_s-f_r	2,072	-111	2,069	-119	2,185	-115	2,18	-105
f_s+f_r	5,938	-111	5,941	-119	5,825	-111	5,83	-102
f_s-f_{tam}	3,979	-	3,979	-	3,981	-	3,981	-
f_s+f_{tam}	4,03	-	4,03	-	4,029	-	4,029	-
f_s-f_{ep1}	34,869	-136	34,930	-138	32,597	-116	32,697	-120
f_s+f_{ep1}	42,879	-136	42,940	-140	40,607	-117	40,707	-120

Dans les mêmes conditions, les spectres du courant statorique (Figure 3.9) sont analysés et les résultats obtenus sont donnés dans le tableau 3.7. Ces résultats montrent que lorsque la charge est de 300daN, les amplitudes des fréquences $f_s \pm f_r$ diminuent avec l'introduction du défaut. Par contre, ces amplitudes augmentent pour la charge de 1000daN. Les résultats montrent qu'il n'y a pas beaucoup de différence entre les amplitudes des fréquences $f_s \pm f_{ep1}$ dans les états normaux et l'état défectueux pour les charges 300daN et 1000daN. Les résultats montrent aussi qu'avec l'augmentation de la charge à 1000daN, les amplitudes des fréquences $f_s \pm f_{ep1}$ augmentent dans les états normaux et défectueux ce qui n'est pas le cas pour les fréquences $f_s \pm f_r$.

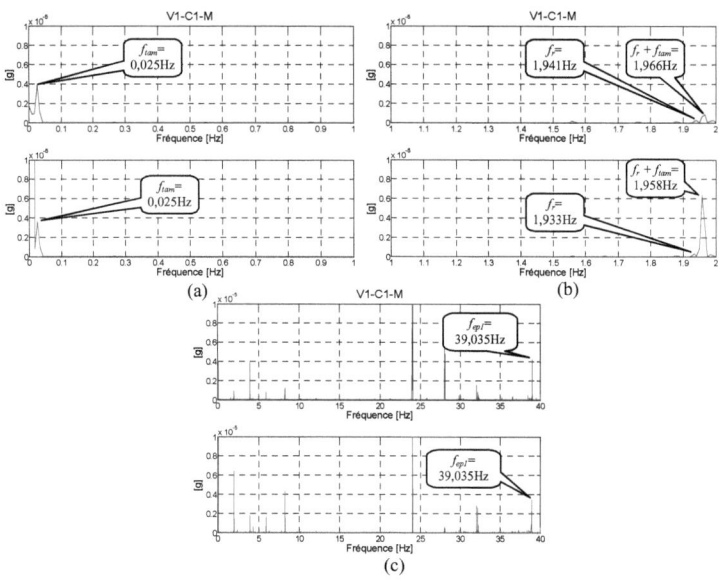

Figure 3.10. Spectre du signal de vibration de la voie C24 pour l'essai V_1-C_1-M en bon état (en haut) et avec défaut (en bas) : a) Bande [0Hz, 1Hz] - b) Bande [0Hz, 30Hz] - c) Bande [30Hz, 130Hz]

Tableau 3.8. Fréquences observées sur le signal de vibration de la voie C24 pour les essais V_1-C_1-M et V_1-C_3-M en cas de défaut du train planétaire 1

	V_1-C_1-M				V_1-C_3-M			
	Bon état		Avec défaut		Bon état		Avec défaut	
	Fréq. [Hz]	Amp. [g]	Fréq. [Hz]	Amp. [g]	Fréq. [Hz]	Amp. [g]	Fréq. [Hz]	Amp. [g]
f_r	1,941	$2,91\times10^{-7}$	1,933	$3,46\times10^{-7}$	1,818	$6,2\times10^{-7}$	1,827	12×10^{-7}
f_{tamb}	0,025	4×10^{-6}	0,025	$3,7\times10^{-6}$	0,024	$2,46\times10^{-6}$	0,024	$2,45\times10^{-6}$
$f_{r+}f_{tamb}$	1,966	$8,5\times10^{-7}$	1,958	$6,38\times10^{-6}$	1,841	2×10^{-6}	1,851	13×10^{-6}
f_{ep1}	39,035	$4,2\times10^{-6}$	38,874	$3,4\times10^{-6}$	36,562	$2,2\times10^{-6}$	36,742	$2,1\times10^{-6}$
$3f_{ep1}$	117,106	-	116,624	-	109,685	$8,2\times10^{-7}$	110,23	9×10^{-7}

Dans les mêmes conditions, le signal de vibration donné par la voie C24, permet de détecter facilement la fréquence de rotation du tambour et de manière plus sensible la fréquence $f_r + f_{tam}$ par rapport à la composante f_r (Figure 3.10). Les résultats du tableau 3.8 montrent que ce signal ne présente pas une sensibilité au défaut du réducteur. La seule composante qui présente une sensibilité au défaut est la composante f_r. Par contre, elle ne présente pas non plus de sensibilité à l'augmentation de charge.

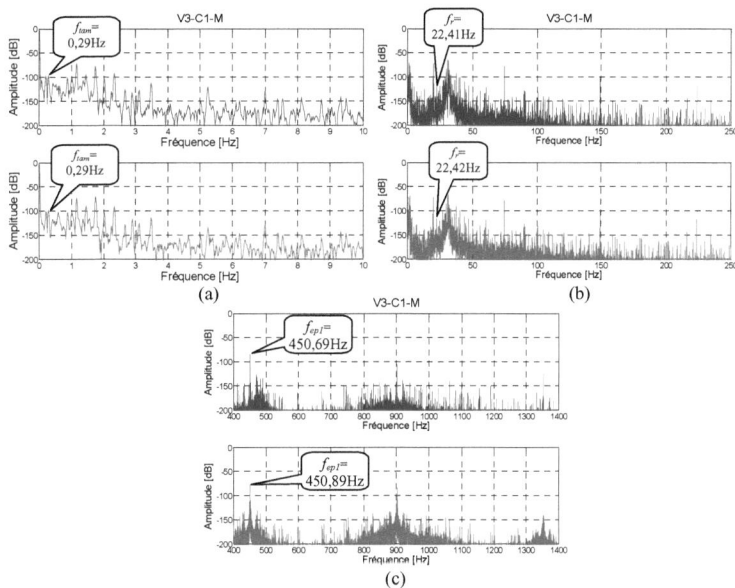

Figure 3.11. Spectre du couple de sortie pour l'essai V_3-C_1-M en bon état (en haut) et avec défaut (en bas): a) Bande [0Hz, 1Hz] - b) Bande [0Hz, 30Hz] - c) Bande [30Hz, 130Hz]

Tableau 3.9. Fréquences observées sur le couple de sortie pour les essais V_3-C_1-M et V_3-C_3-M en cas de défaut du train planétaire 1

	V_3-C_1-M				V_3-C_3-M			
	Bon état		Avec défaut		Bon état		Avec défaut	
	Fréq. [Hz]	Amp. [dB]	Fréq. [Hz]	Amp. [dB]	Fréq. [Hz]	Amp. [dB]	Fréq. [Hz]	Amp. [dB]
f_r	22,41	-122	22,42	-116	22,25	-130	22,265	-130
f_{tamb}	0,29	-97	0,29	-98	0,289	-118	0,289	-119
f_{ep1}	450,69	-85	450,89	-78	447,47	-110	447,77	-112
$3f_{ep1}$	1352,07	-	1352,67	-	1342,41	-128	1343,32	-140

Un autre test a été effectué à la fréquence d'alimentation 45Hz en montée avec 300daN de charge. Dans ce cas, la fréquence de rotation de la machine est f_r

=22,41Hz. La figure 3.11 montre les spectres du couple de sortie dans cette condition. Les fréquences de rotation f_r et f_{ep1} sont détectées dans les spectres du couple de sortie. Un autre test a été effectué en augmentant la charge à 1000daN. Dans ce cas, la fréquence de rotation de la machine est f_r = 22,25Hz (Tableau 3.9). Comme lors des tests précédents, on n'a pas observé de différence importante entre les amplitudes de f_r et de f_{ep1} dans les états normaux et défectueux. Par contre, il est évident que les amplitudes de ces composantes diminuent en augmentant la charge.

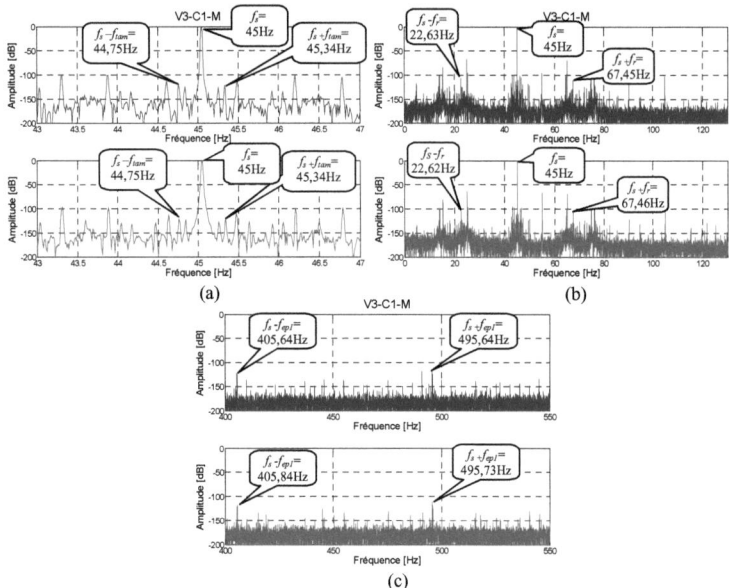

Figure 3.12. Spectre du courant d'alimentation pour l'essai V_3-C_1-M en bon état (en haut) et avec défaut (en bas) : a) Bande [43Hz, 47Hz] - b) Bande [0Hz, 130Hz] - c) Bande [400Hz, 550Hz]

Dans les mêmes conditions, les spectres du courant statorique (Figure 3.12) sont analysés et les résultats obtenus sont donnés dans le tableau 3.10. L'analyse ne montre pas beaucoup de changements dans les amplitudes des fréquences $f_s \pm f_r$ et $f_s \pm f_{tam}$ ni en cas d'introduction du défaut, ni en cas d'augmentation de la charge. Les amplitudes des fréquences $f_s \pm f_{ep1}$ sont une fonction décroissante de la charge pour les deux conditions normales et défectueuses.

85

Tableau 3.10. Fréquences observées sur le courant d'alimentation pour les essais V_3-C_1-M et V_3-C_3-M en cas de défaut du train planétaire 1

	V_3-C_1-M				V_3-C_3-M			
	Bon état		Avec défaut		Bon état		Avec défaut	
	Fréq. [Hz]	Amp. [dB]	Fréq. [Hz]	Amp. [dB]	Fréq. [Hz]	Amp. [dB]	Fréq. [Hz]	Amp. [dB]
f_s	45	0	45	0	45	0	45	0
f_s-f_r	22,63	-107	22,62	-105	22,79	-104	22,78	-107
f_s+f_r	67,45	-111	67,46	-108	67,29	-110	67,31	-111
f_s-f_{tam}	44,75	-120	44,75	-120	44,75	-122	44,75	-126
f_s+f_{tam}	45,34	-122	45,34	-123	45,33	-124	45,33	-126
f_s-f_{ep1}	405,64	-126	405,84	-117	402,43	-140	402,73	-140
f_s+f_{ep1}	495,73	-125	495,93	-119	492,52	-140	492,81	-140

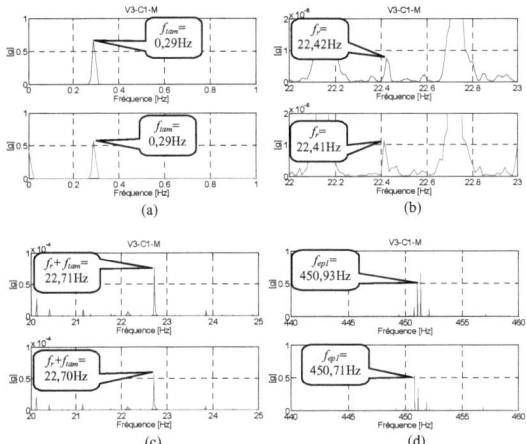

Figure 3.13. Spectre du signal de vibration de la voie C24 pour l'essai V_3-C_1-M en bon état (en haut) et avec défaut (en bas) : a) Bande [0Hz, 1Hz] - b) Bande [22Hz, 23Hz] - c) Bande [20Hz, 25Hz] - d) Bande [440Hz, 460Hz]

Tableau 3.11. Fréquences observées sur le signal de vibration de la voie C24 pour l'essai V_3-C_1-M en cas de défaut du train planétaire 1

	V_3-C_1-M			
	Bon état		Avec défaut	
	Fréq. [Hz]	Amp. [g]	Fréq. [Hz]	Amp. [g]
f_r	22,42	8×10^{-7}	22,41	11×10^{-7}
f_{tam}	0,29	0,68	0,29	0,58
f_r+f_{tam}	22,71	$7,5 \times 10^{-5}$	22,70	$5,5 \times 10^{-5}$
f_{ep1}	450,93	0,53	450,71	0,53

Dans les mêmes conditions, le signal de vibration donné par la voie C24 a été analysé. Il permet de détecter facilement la fréquence de rotation du tambour et de manière plus sensible la fréquence f_r+f_{tam} par rapport à la composante f_r (Figure 3.13).

86

Les résultats donnés dans le tableau 3.11 montrent que ce signal ne présente pas de sensibilité au défaut du réducteur. La seule composante qui présente une sensibilité au défaut est la composante f_r.

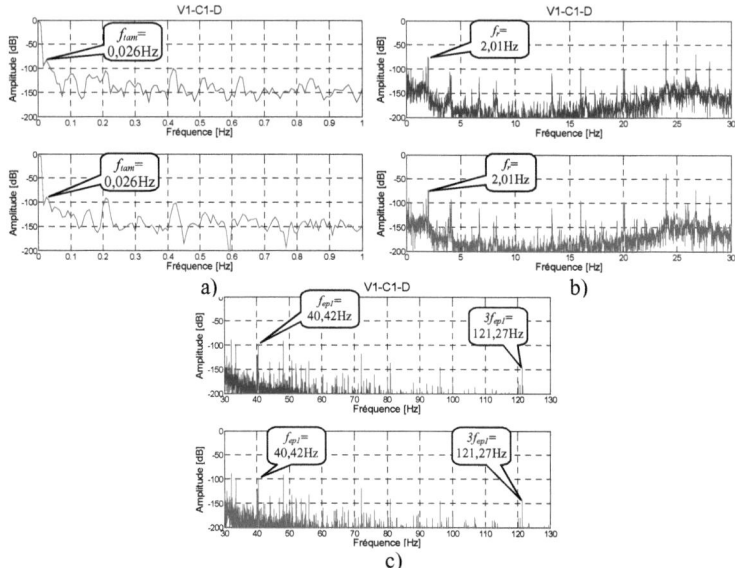

Figure 3.14. Spectre du couple de sortie pour l'essai V_1-C_1-D en bon état (en haut) et avec défaut (en bas): a) Bande [0Hz, 1Hz] - b) Bande [0Hz, 30Hz] - c) Bande [30Hz, 130Hz]

Tableau 3.12. Fréquences observées sur le couple de sortie pour les essais V_1-C_1-D et V_1-C_3-D en cas de défaut du train planétaire 1

	V_1-C_1-D				V_1-C_3-D			
	Bon état		Avec défaut		Bon état		Avec défaut	
	Fréq. [Hz]	Amp. [dB]	Fréq. [Hz]	Amp. [dB]	Fréq. [Hz]	Amp. [dB]	Fréq. [Hz]	Amp. [dB]
f_r	2,01	-73	2,01	-75	2,08	-125	2,08	-91
f_{tam}	0,026	-83	0,026	-89	0,027	-117	0,027	-
f_{ep1}	40,42	-100	40,42	-100	41,83	111	41,83	111
$3f_{ep1}$	121,27	-147	121,27	-145	125,49	-162	125,49	-165

La figure 3.14 montre les spectres du couple de sortie avec la fréquence d'alimentation de 4Hz en descente avec un niveau de charge à 300daN dans des conditions normales et défectueuses. La fréquence de rotation de la machine est $f_r=$ 2,01Hz. En augmentant la charge à 1000daN, la fréquence de rotation de la machine arrive à $f_r = 2,08$Hz (Tableau 3.12). On constate qu'il n'y a pas beaucoup de différence entre les amplitudes de f_r, f_{tam} et f_{ep1} dans les états normaux et défectueux pour le niveau de charge à 300daN. Cependant, il est évident que les amplitudes de ces composantes sont réduites en augmentant la charge entre 300daN et 1000daN.

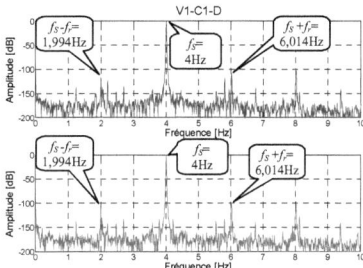

Figure 3.15. Spectre du courant d'alimentation pour l'essai V_1-C_1-M en bon état (en haut) et avec défaut (en bas) dans la bande [0Hz, 10Hz]

Tableau 3.13. Fréquences observées sur le courant d'alimentation pour les essais V_1-C_1-D et V_1-C_3-D en cas de défaut du train planétaire 1

	V_1-C_1-D				V_1-C_3-D			
	Bon état		Avec défaut		Bon état		Avec défaut	
	Fréq. [Hz]	Amp. [dB]	Fréq. [Hz]	Amp. [dB]	Fréq. [Hz]	Amp. [dB]	Fréq. [Hz]	Amp. [dB]
f_s	4	0	4	0	4	0	4	0
f_s-f_r	1,994	-118	1,994	-107	1,924	-153	1,924	-127
f_s+f_r	6,014	-110	6,014	-100	6,084	-147	6,084	-116
f_s-f_{tam}	3,978	-	3,978	-	3,976	-	3,976	-
f_s+f_{tam}	4,03	-	4,03	-	4,031	-	4,031	-
f_s-f_{ep1}	36,419	-165	36,419	-165	37,827	-143	37,827	-140
f_s+f_{ep1}	44,427	-164	44,427	-155	45,835	-140	45,835	-140

Dans les mêmes conditions, les résultats pour les spectres du courant statorique (Figure 3.15) ont été analysés (Tableau 3.13). Ces résultats montrent que lors de l'introduction du défaut, les amplitudes des fréquences $f_s \pm f_r$ augmentent aux deux niveaux de charge, alors que pour les fréquences $f_s \pm f_{ep1}$, il n'y a pas beaucoup de différence. En augmentant le niveau de charge, les amplitudes des fréquences $f_s \pm f_r$ diminuent et les amplitudes des fréquences $f_s \pm f_{ep1}$ augmentent dans les deux conditions normales et défectueuses.

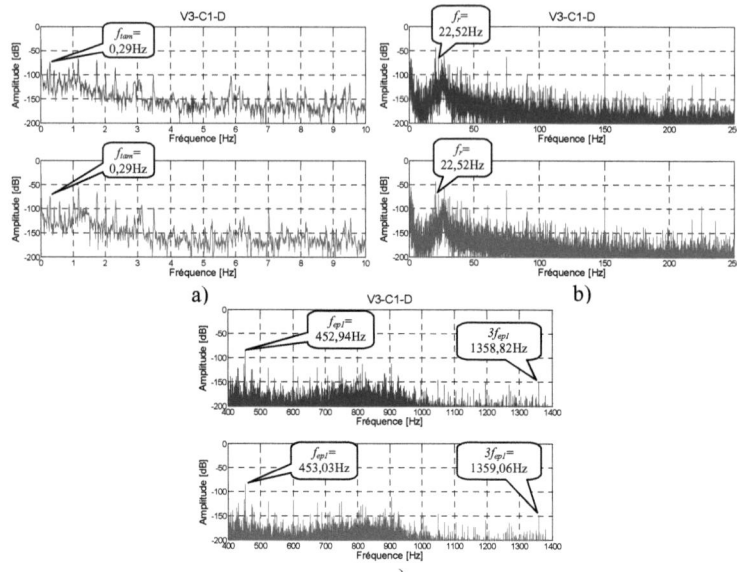

Figure 3.16. Spectre du couple de sortie pour l'essai V_3-C_1-D en bon état (en haut) et avec défaut (en bas): a) Bande [0Hz, 10Hz] - b) Bande [0Hz, 250Hz] - c) Bande [400Hz, 1400Hz]

Tableau 3.14. Fréquences observées sur le couple de sortie pour les essais V_3-C_1-D et V_3-C_3-D en cas de défaut du train planétaire 1

	V_3-C_1-D				V_3-C_3-D			
	Bon état		Avec défaut		Bon état		Avec défaut	
	Fréq. [Hz]	Amp. [dB]	Fréq. [Hz]	Amp. [dB]	Fréq. [Hz]	Amp. [dB]	Fréq. [Hz]	Amp. [dB]
f_r	22,52	-69	22,53	-72	22,623	-116	22,625	-121
f_{tam}	0,29	-75	0,29	-75	0,29	-103	0,29	-103
f_{ep1}	452,94	-86	453,02	-87	454,97	-97	455,01	-95
$3f_{ep1}$	1358,82	-151	1359,06	-148	1364,91	-136	1365,03	-136

La figure 3.16 montre les spectres du couple de sortie avec la fréquence d'alimentation de 45 Hz, en descendant la charge à 300daN dans des conditions normales et défectueuses. La fréquence de rotation de la machine est f_r = 22,52Hz. En augmentant la charge à 1000daN, la fréquence de rotation de la machine arrive à f_r = 22,623Hz (Tableau 3.14). Comme dans le test précédent, on voit qu'il n'y a pas beaucoup de différence entre les amplitudes de f_r, f_{tam} et f_{ep1} dans les états normaux et défectueux pour les deux niveaux de charge. Cependant, il est évident que les

89

amplitudes de ces composantes sont réduites en augmentant la charge entre 300daN et

1000daN.

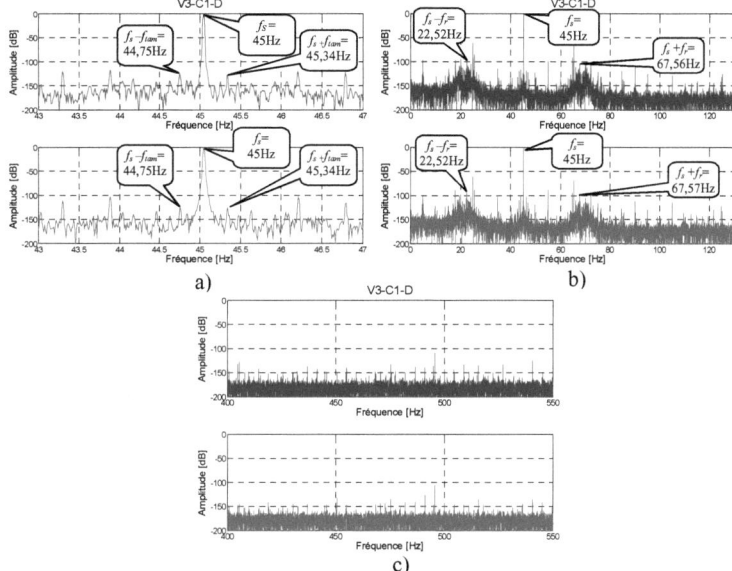

Figure 3.17. Spectre du courant d'alimentation pour l'essai V_3-C_1-D en bon état (en haut) et avec défaut (en bas) : a) Bande [43Hz, 47Hz] - b) Bande [0Hz, 130Hz] - c) Bande [400Hz, 550Hz]

Tableau 3.15. Fréquences observées sur le courant d'alimentation pour les essais V_3-C_1-D et V_3-C_3-D en cas de défaut du train planétaire 1

	V_3-C_1-D				V_3-C_3-D			
	Bon état		Avec défaut		Bon état		Avec défaut	
	Fréq. [Hz]	Amp. [dB]	Fréq. [Hz]	Amp. [dB]	Fréq. [Hz]	Amp. [dB]	Fréq. [Hz]	Amp. [dB]
f_s	45	0	45	0	45	0	45	0
f_s-f_r	22,52	-101	22,52	-96	22,424	-101	22,42	-106
f_s+f_r	67,56	-106	67,57	-102	67,67	-104	67,67	-108
f_s-f_{tam}	44,75	-125	44,75	-127	44,75	-124	44,75	-117
f_s+f_{tam}	45,34	-127	45,34	-123	45,34	-125	45,34	-124
f_s-f_{ep1}	407,89	-	407,97	-	409,93	-122	409,97	-128
f_s-f_{ep1}	497,99	-	498,07	-	500,02	-130	500,06	-129

Pour les mêmes conditions précédentes, les résultats pour les spectres du courant

statorique (Figure 3.17) ont été analysés (Tableau 3.15). Les résultats montrent qu'en

cas de l'introduction du défaut, il n'y a pas beaucoup de différences entre les

amplitudes des fréquences $f_s \pm f_r$ et $f_s \pm f_{ep1}$ à ces deux niveaux de charge. Ils montrent

90

encore qu'il n'y a pas beaucoup de différences entre les amplitudes de ces fréquences quand la charge augmente. Cela signifie que le courant statorique n'est pas très sensible en cas d'augmentation du niveau de charge pour ce type de défaut dans un réducteur planétaire. En revanche, le couple de sortie montre beaucoup plus de sensibilité à l'augmentation du niveau de charge mais il n'est pas sensible au défaut dans le réducteur planétaire.

3.8.2 Analyse des résultats du défaut de désalignement

L'effet de désalignement sur le fonctionnement du treuil de levage est étudié à partir du couple de sortie sur le tambour, du courant d'alimentation de la machine d'entraînement et de la vibration au capteur le plus sensible au défaut (C11). Le premier test est effectué avec une fréquence d'alimentation de 4Hz et un niveau de la charge de 300daN en montée pour les deux conditions normale et défectueuse. Dans ce cas, la vitesse de rotation de la machine est f_r=1,94Hz (Figure 3.18). Pour montrer l'influence de la charge sur les spectres du couple de sortie sur le tambour, du courant statorique et de la vibration, un autre test est effectué avec un niveau de charge de 1000daN. Dans ce cas, la fréquence de rotation de la machine est réduite à f_r=1,82Hz. Le tableau 3.16 donne les fréquences de la vitesse de rotation dans le spectre du couple de sortie.

Les résultats montrent que dans l'état normal et avec 300daN de charge, le fondamental et le deuxième harmonique de la vitesse de rotation de la machine sont détectés dans les spectres du couple de sortie. Par contre, en augmentant la charge à 1000daN, ces composantes ne sont pas détectées. Sous défaut de désalignement, le fondamental, le deuxième et le troisième harmonique de la fréquence de rotation de la machine sont détectés dans le spectre du couple de sortie avec 300daN de charge. En augmentant la charge à 1000daN, ces fréquences sont amorties.

91

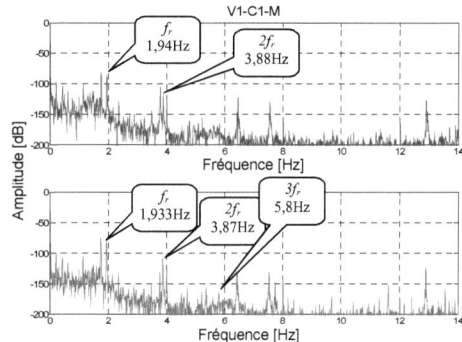

Figure 3.18. Spectre du couple de sortie pour l'essai V_1-C_1-M en bon état (en haut) et avec désalignement (en bas) : fr dans la bande [0Hz, 14Hz]

Tableau 3.16. Fréquences observées sur le couple de sortie pour les essais V_1-C_1-M et V_1-C_3-M en cas de désalignement

	V_1-C_1-M				V_1-C_3-M			
	Bon état		Avec défaut		Bon état		Avec défaut	
	Fréq. [Hz]	Amp. [dB]	Fréq. [Hz]	Amp. [dB]	Fréq. [Hz]	Amp. [dB]	Fréq. [Hz]	Amp. [dB]
f_r	1,94	-85	1,933	-81	1,822	-	1,825	-
$2f_r$	3,88	-120	3,866	-110	3,644	-	3,65	-
$3f_r$	5,82	-	5,799	-160	5,466	-	5,475	-

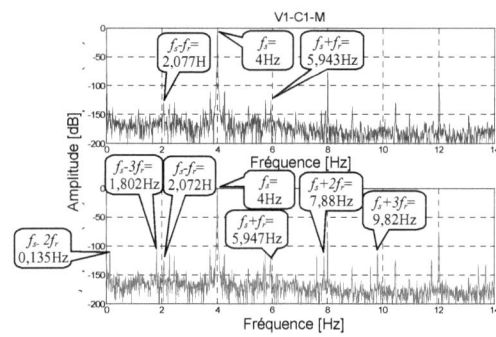

Figure 3.19. Spectre du courant d'alimentation pour l'essai V_1-C_1-M en bon état (en haut) et avec désalignement (en bas) : fr dans la bande [0Hz, 14Hz]

Dans les mêmes conditions, l'influence de la charge est également vérifiée sur le spectre du courant statorique (Figure 3.19). Dans ce cas, le fondamental, le deuxième et le troisième harmonique de la fréquence de rotation de la machine sont considérés dans le spectre du courant statorique. Ces résultats sont donnés dans le tableau 3.17. Ils montrent que les amplitudes des fréquences intéressantes diminuent avec l'augmentation du niveau de la charge. En revanche, sous défaut de désalignement, les amplitudes des composantes $f_s \pm 2f_r$ et $f_s \pm 3f_r$ sont clairement augmentées. Par contre, avec l'augmentation de la charge, il n'y a pas beaucoup de différence entre leurs amplitudes. Dans ce cas, les résultats montrent que l'influence de la charge sur le couple de sortie est plus grande que celle sur le courant statorique.

Tableau 3.17. Fréquences observées sur le courant d'alimentation pour les essais V_1-C_1-M et V_1-C_3-M en cas de désalignement

	V_1-C_1-M				V_1-C_3-M			
	Bon état		Avec défaut		Bon état		Avec défaut	
	Fréq. [Hz]	Amp. [dB]	Fréq. [Hz]	Amp. [dB]	Fréq. [Hz]	Amp. [dB]	Fréq. [Hz]	Amp. [dB]
f_s	4	0	4	0	4	0	4	0
f_s+f_r	5,943	-126	5,947	-123	5,832	-143	5,835	-140
f_s-f_r	2,077	-131	2,072	-125	2,188	-136	2,185	-145
f_s+$2f_r$	7,876	-190	7,885	-119	7,654	-160	7,66	-120
f_s-$2f_r$	0,144	-145	0,135	-114	0,366	-160	0,36	-122
f_s+$3f_r$	9,809	-175	9,822	-113	9,476	-170	9,485	-110
f_s-$3f_r$	1,789	-165	1,802	-110	1,456	-165	1,465	-115

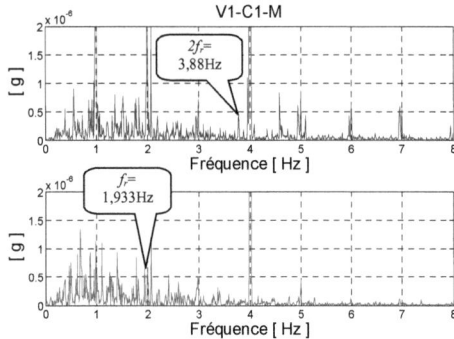

Figure 3.20. Spectre du signal de vibration de la voie C11, pour l'essai V_1-C_1-M en bon état (en haut) et avec désalignement (en bas) : f_r dans la bande [0Hz, 6Hz]

Dans les mêmes conditions, le signal donné par l'accéléromètre placé côté machine d'entraînement (C11) a été également traité et son spectre est présenté (Figure 3.20). Dans ce dernier spectre, on constate la présence des fréquences associées à la rotation f_r avec un effet de modulation moins appréciable que dans le couple de sortie. Pour l'essai V_1-C_3-M avec une charge plus importante, aucune composante n'est observée dans le spectre du signal donné par l'accéléromètre (Tableau 3.18).

Tableau 3.18. Fréquences observées sur l'accéléromètre placé côté machine d'entraînement (voie C11) pour les essais V_1-C_1-M et V_1-C_3-M en cas de désalignement

	V_1-C_1-M				V_1-C_3-M			
	Bon état		Avec défaut		Bon état		Avec défaut	
	Fréq. [Hz]	Amp. [g]	Fréq. [Hz]	Amp. [g]	Fréq. [Hz]	Amp. [g]	Fréq. [Hz]	Amp. [g]
f_r	1,94	-	1,933	$6,4 \times 10^{-7}$	1,822	-	1,825	-
$2f_r$	3,88	$1,87 \times 10^{-7}$	3,866	-	3,644	-	3,65	-
$3f_r$	5,82	-	5,799	-	5,466	-	5,475	-

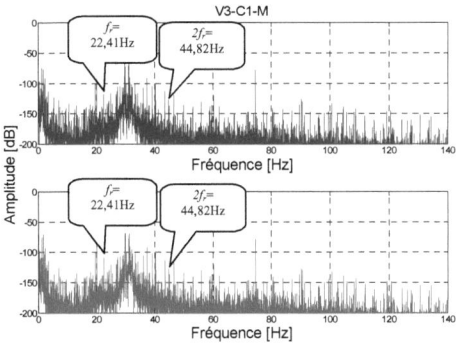

Figure 3.21. Spectre du couple de sortie pour l'essai V_3-C_1-M en bon état (en haut) et avec désalignement (en bas) : f_r dans la bande [0Hz, 140Hz]

Tableau 3.19. Fréquences observées sur le couple de sortie pour les essais V_3-C_1-M et V_3-C_3-M en cas de désalignement

	V_3-C_1-M				V_3-C_3-M			
	Bon état		Avec défaut		Bon état		Avec défaut	
	Fréq. [Hz]	Amp. [dB]	Fréq. [Hz]	Amp. [dB]	Fréq. [Hz]	Amp. [dB]	Fréq. [Hz]	Amp. [dB]
f_r	22,41	-120	22,41	-110	22,24	-132	22,25	-125
$2f_r$	44,82	-135	44,82	-135	44,49	-140	44,51	-140
$3f_r$	67,23	-	67,23	-	66,73	-166	66,76	-166

Le deuxième test est effectué en tenant compte d'une alimentation à 45 Hz avec 300daN de charge en montée dans les conditions normales et défectueuses. Dans ce cas, la fréquence de rotation de la machine est f_r=22,4Hz. Pour montrer l'influence de la charge sur les spectres du couple de sortie et du courant statorique, la charge augmente à 1000daN. Dans ce cas, la fréquence de rotation de la machine est réduite à

f_r=22,2Hz. Les fréquences de la vitesse de rotation dans les spectres du couple de sortie (Figure 3.21) sont données dans le tableau 3.19. Ces résultats montrent que dans les conditions normales et défectueuses et avec 300daN de charge, le fondamental et le deuxième harmonique de la vitesse de rotation de la machine sont détectés dans les spectres du couple de sortie. En augmentant la charge à 1000daN, les amplitudes de ces composantes sont un peu diminuées. En revanche, le troisième harmonique de la vitesse de rotation n'est pas détecté avec 300daN alors qu'avec 1000daN, il est détecté.

Par comparaison de ces résultats à basse vitesse, il est évident que l'influence de la charge sur les spectres du couple de sortie à basse vitesse est plus importante. Une des raisons peut être l'effet de la force centrifuge. L'expression (1.4) montre que, la force centrifuge augmente en augmentant la vitesse de rotation de l'arbre. À faible vitesse, la force centrifuge est faible et les fréquences seront amorties en augmentant la charge.

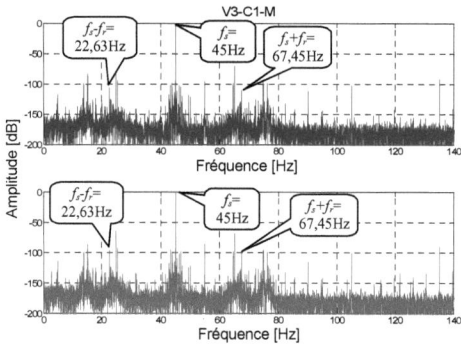

Figure 3.22. Spectre du courant d'alimentation pour l'essai V_3-C_1-M en bon état (en haut) et avec désalignement (en bas) : fr dans la bande [0Hz, 140Hz]

La figure 3.22 montre les spectres du courant statorique dans les mêmes conditions à 300daN de charge. Les résultats pour le courant statorique sont donnés dans le tableau 3.20. Dans ce cas, les fréquences de $f_s \pm f_r$ dans les deux conditions normales et défectueuses et avec les deux niveaux de charge sont détectées. Les résultats montrent qu'il n'y a pas beaucoup de différence entre les amplitudes des fréquences $f_s \pm f_r$ en cas d'augmentation de la charge.

Tableau 3.20. Fréquences observées sur le courant d'alimentation pour les essais V_3-C_1-M et V_3-C_3-M en cas de désalignement

	V_3-C_1-M				V_3-C_3-M			
	Bon état		Avec défaut		Bon état		Avec défaut	
	Fréq. [Hz]	Amp. [dB]	Fréq. [Hz]	Amp. [dB]	Fréq. [Hz]	Amp. [dB]	Fréq. [Hz]	Amp. [dB]
f_s	45	0	45	0	45	0	45	0
f_s+f_r	67,45	-112	67,45	-102	67,28	-110	67,29	-101
f_s-f_r	22,63	-107	22,62	-97	22,79	-104	22,78	-97
f_s+2f_r	89,86	-	89,86	-	89,53	-150	89,55	-150
f_s-$2f_r$	0,22	-	0,22	-	0,55	-	0,53	-
f_s+3f_r	112,27	-	112,27	-	111,77	-	111,80	-
f_s-$3f_r$	22,19	-	22,19	-	21,69	-	21,72	-

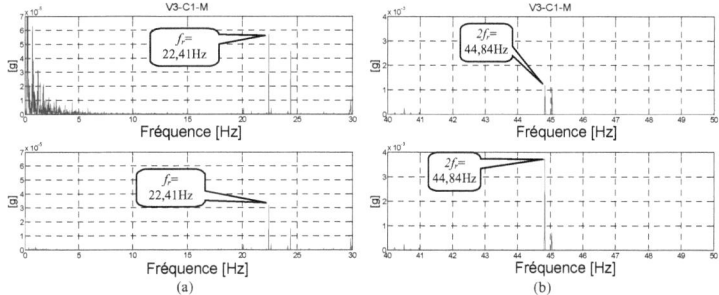

Figure 3.23. Spectre du signal de vibration donné par la voie C11, pour l'essai V_3-C_1-M en bon état (en haut) et avec désalignement (en bas) : - a) f_r dans la bande [0Hz, 30Hz] - b) f_r dans la bande [40Hz, 50Hz]

Tableau 3.21. Fréquences observées sur l'accéléromètre placé côté machine d'entraînement (voie C11) pour les essais V_3-C_1-M et V_3-C_3-M en cas de désalignement

	V_3-C_1-M				V_3-C_3-M			
	Bon état		Avec défaut		Bon état		Avec défaut	
	Fréq. [Hz]	Amp. [g]	Fréq. [Hz]	Amp. [g]	Fréq. [Hz]	Amp. [g]	Fréq. [Hz]	Amp. [g]
f_r	22,41	$5,7 \times 10^{-5}$	22,41	$3,2 \times 10^{-5}$	22,26	$3,44 \times 10^{-5}$	22,25	$3,3 \times 10^{-6}$
$2f_r$	44,84	$1,16 \times 10^{-3}$	44,844	$3,7 \times 10^{-3}$	44,53	2×10^{-4}	44,51	6×10^{-4}
$3f_r$	67,27	-	67,266	-	66,79	-	66,76	-

La figure 3.23 montre les spectres de la vibration dans les mêmes conditions à 300daN de charge. Les résultats sur la vibration dans les mêmes conditions sont donnés dans le tableau 3.21. Dans ce cas, le fondamental et le deuxième harmonique de la fréquence de rotation du moteur sont observables aux deux niveaux de charge, mais une seule composante $2f_r$ présente une sensibilité au défaut de désalignement avec une amplitude 3 fois plus importante par rapport au fonctionnement normal, pour les deux essais V_3-C_1-M et V_3-C_3-M. En cas d'augmentation de la charge, on voit que les amplitudes de ces fréquences diminuent.

Un test est effectué avec la fréquence d'alimentation à 4 Hz et avec 300daN de charge en descente dans les conditions normales et défectueuses. Dans ce cas, la machine fonctionne en mode génératrice et sa fréquence de rotation est f_r=2,01Hz (Figure 3.24). Pour montrer l'influence de la charge sur les spectres du couple de sortie, du courant statorique et de la vibration, la charge a été augmentée à 1000daN. Comme la machine fonctionne en mode génératrice, en augmentant la charge, la vitesse de rotation de la machine est augmenté à f_r=2,08Hz. Les fréquences de la vitesse de rotation dans les spectres du couple de sortie avec la fréquence d'alimentation de 4Hz en descente, avec deux niveaux différents de la charge dans des conditions normales et défectueuses sont indiquées dans le tableau 3.22.

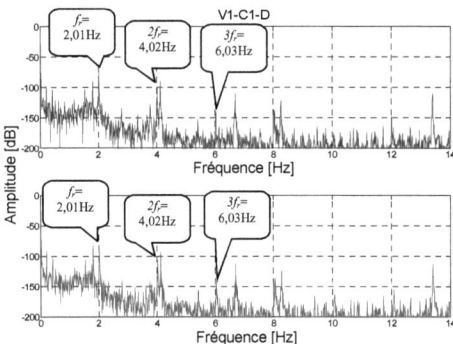

Figure 3.24. Spectre du signal de couple de sortie pour l'essai V_1-C_1-D en bon état (en haut) et avec désalignement (en bas) : f_r dans la bande [0Hz, 14Hz]

Les résultats montrent qu'en cas d'augmentation de la charge, l'amplitude de ces composantes est réduite. Le troisième harmonique de la vitesse de rotation de la machine est détecté à faible charge mais il est amorti lorsque la charge augmente.

Dans les mêmes conditions, l'influence de la charge est également vérifiée sur les spectres du courant statorique (Figure 3.25). Ces résultats sont donnés dans le tableau 3.23. Les résultats montrent que les amplitudes des fréquences $f_s \pm f_r$, $f_s \pm 2f_r$ et $f_s + 3f_r$ diminuent avec l'augmentation du niveau de charge.

Tableau 3.22. Fréquences observées sur le couple de sortie pour les essais V_1-C_1-D et V_1-C_3-D en cas de désalignement

| | V_1-C_1-D | | | | V_1-C_3-D | | | |
| | Bon état | | Avec défaut | | Bon état | | Avec défaut | |
	Fréq. [Hz]	Amp. [dB]	Fréq. [Hz]	Amp. [dB]	Fréq. [Hz]	Amp. [dB]	Fréq. [Hz]	Amp. [dB]
f_r	2,01	-73	2,01	-83	2,08	-107	2,08	-103
$2f_r$	4,02	-100	4,02	-107	4,16	-133	4,16	-138
$3f_r$	6,03	-140	6,03	-143	6,24	-	6,24	-

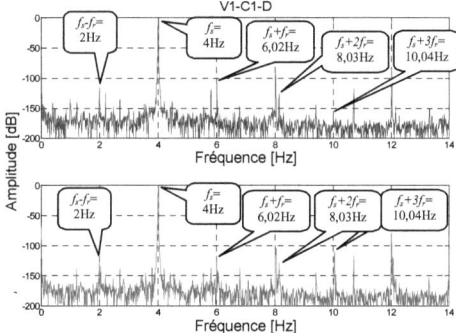

Figure 3.25. Spectre du courant d'alimentation pour l'essai V_1-C_1-D en bon état (en haut) et avec désalignement (en bas) : f_r dans la bande [0Hz, 14Hz]

Tableau 3.23. Fréquences observées sur le courant d'alimentation pour les essais V_1-C_1-D et V_1-C_3-D en cas de désalignement

| | V_1-C_1-D | | | | V_1-C_3-D | | | |
| | Bon état | | Avec défaut | | Bon état | | Avec défaut | |
	Fréq. [Hz]	Amp. [dB]	Fréq. [Hz]	Amp. [dB]	Fréq. [Hz]	Amp. [dB]	Fréq. [Hz]	Amp. [dB]
f_s	4	0	4	0	4	0	4	0
f_s+f_r	6,02	-107	6,02	-120	6,09	-130	6,09	-122
f_s-f_r	2	-116	2	-128	1,93	-142	1,93	-134
f_s+2f_r	8,03	-135	8,03	-105	8,17	-152	8,17	-108
f_s-2f_r	0,01	-	0,01	-	0,15	-	0,15	-
f_s+3f_r	10,04	-173	10,04	-110	10,25	-180	10,25	-135
f_s-3f_r	2,02	-	2,02	-135	2,23	-	2,23	-

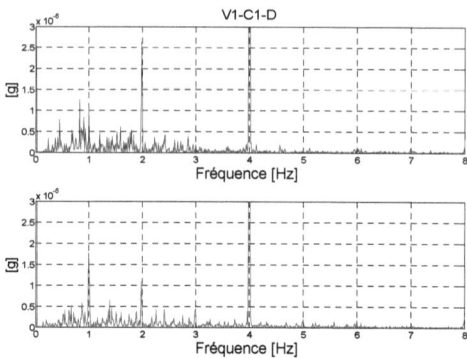

Figure 3.26. Spectre du signal de vibration donné par la voie C11, pour l'essai V_1-C_1-D en bon état (en haut) et avec désalignement (en bas) : f_r dans la bande [0Hz, 6Hz]

Tableau 3.24. Fréquences observées sur l'accéléromètre placé côté machine d'entraînement (voie C11) pour les essais V_1-C_1-D et V_1-C_3-D en cas de désalignement

	V1_C1_D				V1_C3_D			
	Bon état		Avec défaut		Bon état		Avec défaut	
	Fréq. [Hz]	Amp. [g]	Fréq. [Hz]	Amp. [g]	Fréq. [Hz]	Amp. [g]	Fréq. [Hz]	Amp. [g]
f_r	2,01	-	2,01	-	2,08	-	2,08	-
$2f_r$	4,02	-	4,02	-	4,16	-	4,16	-
$3f_r$	6,03	-	6,03	-	6,24	-	6,24	-

Dans les mêmes conditions, le signal donné par l'accéléromètre placé côté machine d'entraînement (C11) a été également traité et son spectre est présenté (Figure 3.26).

Cet essai ne fait pas ressortir les fréquences déjà observées dans le signal de vibration (Tableau 3.24).

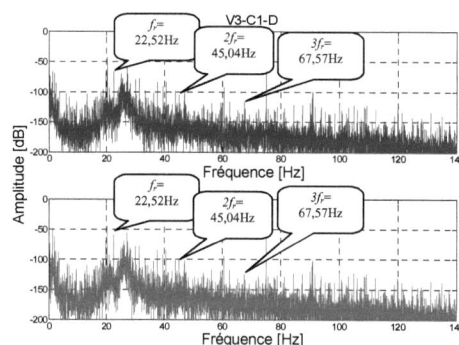

Figure 3.27. Spectre du couple de sortie pour l'essai V_3-C_1-D en bon état (en haut) et avec désalignement (en bas) : f_r dans la bande [0Hz, 140Hz]

Tableau 3.25. Fréquences observées sur le couple de sortie pour les essais V_3-C_1-D et V_3-C_3-D en cas de désalignement

	V_3-C_1-D				V_3-C_3-D			
	Bon état		Avec défaut		Bon état		Avec défaut	
	Fréq. [Hz]	Amp. [dB]	Fréq. [Hz]	Amp. [dB]	Fréq. [Hz]	Amp. [dB]	Fréq. [Hz]	Amp. [dB]
f_r	22,52	-67	22,52	-59	22,62	-116	22,62	-108
$2f_r$	45,04	-106	45,04	-102	45,24	-157	45,24	-160
$3f_r$	67,57	-115	67,57	-125	67,87	-170	67,87	-170

Pour ce dernier test, la fréquence d'alimentation est également augmentée à 45 Hz et les essais sont effectués avec 300daN et 1000daN de charge en descente dans des conditions normales et défectueuses. La figure 3.27 montre les spectres du courant statorique à 300daN de charge. Les résultats pour les deux niveaux de charge sont donnés dans le tableau 3.25. Dans ce cas, les résultats montrent encore qu'en augmentant la charge, les amplitudes de ces composantes sont réduites.

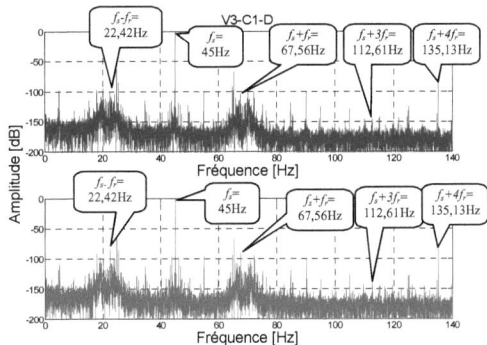

Figure 3.28. Spectre du courant d'alimentation pour l'essai V_3-C_1-D en bon état (en haut) et avec désalignement (en bas) : f_r dans la bande [0Hz, 140Hz]

Tableau 3.26. Fréquences observées sur le courant d'alimentation pour les essais V_3-C_1-D et V_3-C_3-D en cas de désalignement

	V_3-C_1-D				V_3-C_3-D			
	Bon état		Avec défaut		Bon état		Avec défaut	
	Fréq. [Hz]	Amp. [dB]	Fréq. [Hz]	Amp. [dB]	Fréq. [Hz]	Amp. [dB]	Fréq. [Hz]	Amp. [dB]
f_s	45	0	45,04	0	45.04	0	45	0
f_s+f_r	67,56	-105	67,56	-93	67,67	-101	67,67	-91
f_s-f_r	22,518	-100	22,52	-85	22,42	-100	22,42	-91
f_s+2f_r	90,08	-102	90,08	-101	90,29	-	90,29	-
f_s-2f_r	0,004	-	0,004	-	0,2	-	0,2	-
f_s+3f_r	112,61	-149	112,61	-142	112,91	-	112,91	-
f_s-3f_r	22,526	-	22,53	-	22,82	-	22,82	-

La figure 3.28 montre les spectres du courant statorique dans les mêmes conditions à 300daN de charge. Les résultats pour le courant statorique dans les mêmes conditions sont indiqués dans le tableau 3.26. Ces résultats montrent que dans ce cas il n'y a pas beaucoup de différence entre les amplitudes des fréquences $f_s \pm f_r$ si la charge augmente. Dans ce cas, les fréquences $f_s \pm 2f_r$ et $f_s + 3f_r$ dans les conditions normales et défectueuses sont détectées. Elles sont amorties lorsqu'on augmente le niveau de la charge.

Dans les mêmes conditions, le spectre de la vibration (Figure 3.29) est traité. On voit que les composantes associées à la rotation de la machine d'entraînement f_r sont facilement identifiables et présentent une certaine sensibilité au défaut de désalignement (Tableau 3.27). En augmentant la charge, on voit que les amplitudes de toutes les composantes diminuent.

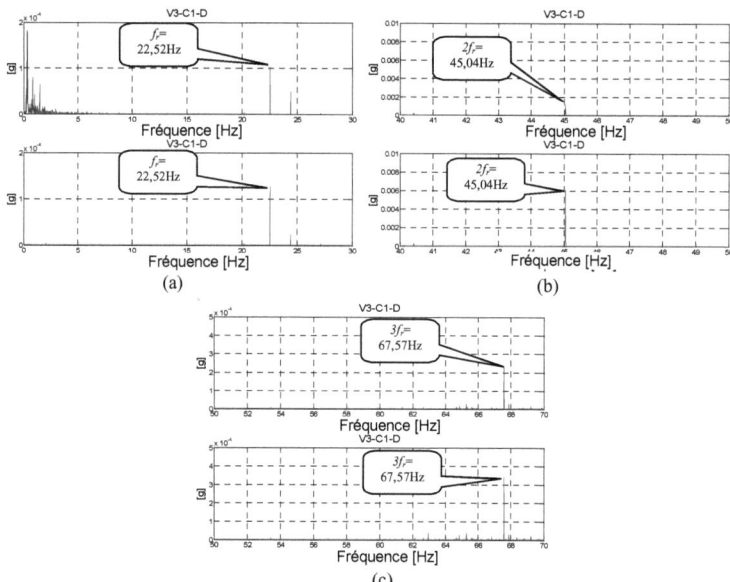

Figure 3.29. Spectre du signal de vibration donné par la voie C11, pour l'essai V_3-C_1-D en bon état (en haut) et avec désalignement (en bas) :- a) Bande [0Hz, 30Hz] - b) Bande [40Hz, 50Hz] -c) Bande [50Hz, 70Hz]

Tableau 3.27. Fréquences observées sur l'accéléromètre placé côté machine d'entraînement (C11) pour les essais V_3-C_1-D et V_3-C_3-D en cas de désalignement

	V_3-C_1-D				V_3-C_3-D			
	Bon état		Avec défaut		Bon état		Avec défaut	
	Fréq. [Hz]	Amp. [g]	Fréq. [Hz]	Amp. [g]	Fréq. [Hz]	Amp. [g]	Fréq. [Hz]	Amp. [g]
f_r	22,52	1×10^{-4}	22,52	$1,3 \times 10^{-4}$	22,62	$3,7 \times 10^{-5}$	22,62	$3,1 \times 10^{-5}$
$2f_r$	45,04	12×10^{-4}	45,04	$6,1 \times 10^{-3}$	45,24	2×10^{-4}	45,24	$1,35 \times 10^{-3}$
$3f_r$	67,57	$2,3 \times 10^{-4}$	67,57	$3,5 \times 10^{-4}$	67,87	$8,7 \times 10^{-6}$	67,87	$3,8 \times 10^{-5}$

Ces résultats montrent que le couple de sortie et la vibration sont plus sensibles que le courant statorique en cas d'augmentation de la charge. En revanche à basse vitesse, l'influence de la charge est plus évidente qu'en haute vitesse dans les spectres du couple de sortie, du courant statorique et de la vibration. Ces résultats montrent également que lorsque la machine fonctionne en mode génératrice, les composantes de la vitesse de rotation seront mieux détectées que dans le mode moteur.

3.8.3   Résultats expérimentaux du roulement étudié

L'effet de l'état du roulement sur le fonctionnement du treuil de levage est étudié à partir du couple de sortie sur le tambour, de la vibration mesurée par l'accéléromètre 4 (voie C11) et du courant d'alimentation de la machine d'entraînement. Pour obtenir la fréquence caractéristique de vibration de la bague extérieure f_{be}, on localise la fréquence de rotation du tambour f_{tam} à partir de la localisation de la fréquence de rotation du rotor de la machine d'entraînement f_r et du rapport total de réduction des trains planétaires R_{c1}. Ensuite, on applique l'expression (3.10) pour localiser f_{be} dans les spectres des signaux de vibration et du couple de sortie. On utilise également l'expression (3.11) pour localiser les fréquences f_{roulbe} dans le spectre du courant d'alimentation (Tableau 3.28).

Dans l'analyse des différents tests, nous avons constaté que les informations données par la fréquence f_{be} localisée dans les spectres du couple de sortie et de l'accéléromètre 4 ne laissent pas transparaître le moindre effet du défaut pratiqué sur le roulement. Cette situation a été observée avec les fréquences $f_{roulbe} = f_s \pm h\ f_{be}$ localisées dans le spectre du courant d'alimentation. Ce constat démontre que les sensibilités de la vibration, du couple et du courant ne permettent pas la détection de ce défaut. Il est possible que le défaut étudié ait des répercussions dans des bandes de fréquence différentes de celles qui sont préconisées par les expressions (3.10) et (3.11). Pour son identification, un traitement du signal supplémentaire est nécessaire.

Tableau 3.28. Composantes fréquentielles observées pour l'étude du défaut du roulement

Test	Fréquence [Hz]		
	f_r	f_{tam}	f_{be}
V_1-C_1-M	1,94	0,025	0,178
V_1-C_3-M	1,82	0,024	0,167
V_3-C_1-M	22,42	0,291	2,06
V_3-C_3-M	22,26	0,289	2,04
V_1-C_1-D	2,01	0,026	0,184
V_1-C_3-D	2,08	0,027	0,191
V_3-C_1-D	22,52	0,293	2,068
V_3-C_3-D	22,61	0,294	2,076
V_5-C_2-M	49,55	0,64	4,55

3.9 Conclusion

Dans ce chapitre, un système de levage avec ses instruments est présenté afin d'étudier plusieurs défauts. Les défauts présentés concernent le réducteur planétaire, le désalignement entre la machine d'entraînement et le support du tambour ainsi qu'un des roulements du tambour. Pour le réducteur de planétaire, le mode de fonctionnement a été vérifié afin d'obtenir le rapport de réduction final pour localiser la fréquence d'engrènement.

Pour le défaut du réducteur, l'influence de la charge sur le couple de sortie et le courant statorique a été vérifiée. Il a été montré que l'augmentation de la charge amortit les fréquences de rotation dans les spectres de couple de sortie alors que les spectres du courant statorique ne sont pas très sensibles au niveau de la charge. Ce type de défaut d'usure lié à l'axe du satellite a été étudié et ses effets ont été vérifiés sur le couple de sortie, le courant statorique et le signal de vibration donné par la voie C24. Il a été montré qu'il n'y a pas beaucoup de sensibilité sur les spectres ni du couple de sortie, ni du courant statorique et ni de la vibration. C'est la preuve d'une bonne robustesse de ce type du réducteur même avec une usure avancée dans les trois axes des satellites.

Pour le défaut de désalignement, l'influence de la charge a été vérifiée sur le couple de sortie, le courant statorique et la vibration. Les fréquences données par la rotation du moteur d'entraînement f_r qui sont toujours présentes dans le spectre du signal donné par l'accéléromètre montrent une sensibilité particulière au défaut de désalignement. Cette sensibilité est plus marquée dans le couple de sortie et le courant d'alimentation que dans la vibration. Cette dernière observation indique que l'effet du désalignement sur le moteur d'entraînement ne conduit pas nécessairement à une modification importante de l'entrefer mais introduit simplement un effort torsionnel supplémentaire. Nous avons trouvé que l'augmentation de la charge amortit les fréquences de rotation. Ainsi, dans le cas d'augmentation de la charge, le couple de sortie et la vibration sont plus sensibles que le courant statorique. À haute vitesse, la force centrifuge est plus grande par rapport à la basse vitesse. Donc, les fréquences correspondantes à la vitesse de rotation à haute vitesse seront mieux détectées surtout avec le capteur de vibration. Cela montre que l'influence de l'augmentation de la charge à haute vitesse n'est pas très importante en comparaison à la basse vitesse. Cela est valide pour les spectres du couple de sortie, du courant statorique et de la vibration.

Dans le cas du système de levage étudié, l'application des méthodes de détection des défauts d'un roulement préconisées dans la littérature ont montré une insensibilité au défaut introduit sur la bague extérieure du roulement placé sur le côté droit du tambour. Ce défaut a été détecté grâce au Kurtosis (paramètre statistique basé sur le moment d'ordre 4) calculé sur le signal acoustique relevé pour les mêmes essais. L'information obtenue sur le défaut a été localisée dans le spectre du Kurtosis même pour de faibles vitesses de rotation [Sie07].

Cette dernière observation met en évidence la nécessité de faire évoluer les méthodes de diagnostic mécanique basées sur la surveillance du courant d'alimentation.

Le défaut de détoronnage sera analysé dans le chapitre 4 et les résultats expérimentaux pour le défaut d'accrochage de la charge seront analysés dans le chapitre 5.

CHAPITRE 4

CHAPITRE 4

DÉTECTION D'UN DÉFAUT DE DÉTORONNAGE DU CABLE

4.1 Introduction

En raison de nombreux avantages qu'elle peut porter aux systèmes complexes, la surveillance des machines électriques a attiré l'attention des industriels. Elle augmente la fiabilité globale du système en diminuant les pertes de production provoquées par les défauts. Ainsi, de nombreux travaux de recherche ont été dédiés à la surveillance des machines électriques. Ces travaux couvrent les parties électriques et mécaniques de la machine ainsi que les capteurs. Des méthodes avancées ont été proposées à partir de la position des capteurs et de la mise en œuvre du processus de décision en passant par les techniques modernes de traitement du signal. Deux types de défaut affectent les machines électriques: les défauts électriques et les défauts mécaniques [Bel08]. Pour les machines à induction, les défauts électriques les plus importants se produisent dans le rotor (rupture de barres et d'anneaux de court-circuit) [Nem10] ou dans le stator (court-circuit dans les enroulements). Par contre, les défauts mécaniques couvrent les roulements [Fro10], [Imm09], [Imm10], [Tra09], [Zou08], [Ibr08], [Zho08], [Blo08], les excentricités [And08], [Dri08], [Ebr09], [Mor10] et les engrenages [Ras10a], [Hed09a], [Hed09b].

Plusieurs techniques ont été proposées pour montrer l'effet des oscillations de couple sur le courant statorique afin de surveiller les systèmes industriels [Blo06a], [Blo06b], [Oba03a]. Dans [Blo06a], les auteurs ont démontré que les oscillations de couple de charge modulent en phase le courant statorique. La méthode MCSA est un moyen efficace pour la surveillance des parties mécaniques. Puisque les composantes fréquentielles tournantes sont considérées comme des indicateurs d'oscillations de couple du point de vue de la charge, elles auront un effet sur le couple électromagnétique et sur le courant statorique. Dans [Blo06b], la détection des oscillations dans le couple de la machine à induction en régime transitoire par l'analyse du courant statorique a été étudiée. Dans cette étude, ces oscillations sont les conséquences de défauts mécaniques. Dans [Hen09], le courant statorique et le couple de sortie d'une machine à induction triphasée dans un système de levage ont été analysés. L'objectif est de montrer comment ils sont influencés par un câble détoronné. Avec l'utilisation de capteurs non-invasifs pour la surveillance des défauts mécaniques, les techniques de diagnostic deviennent intéressantes car elles sont économiques et fiables. Cependant, il existe peu de contributions à l'aide de cette approche. Un exemple de composant mécanique simple est le câble dans un système de levage comme nous le verrons dans ce chapitre.

Les câbles sont utilisés dans les systèmes de levage où la capacité de la charge combinée à sa flexibilité et à la tolérance aux dommages sont nécessaires. L'inspection d'un câble est essentielle pour décider s'il est nécessaire de le remplacer ou pas [Pis07]. Les conditions permettant de déterminer le moment approprié pour remplacer un câble donnent des indications sur le mode du service, le mécanisme de dégradation, les conséquences de défaillance, la fréquence et la fiabilité de l'inspection [Cha95]. La déformation de la structure est le résultat d'une usure excessive ou d'une charge anormale. Elle conduit au remplacement précoce du câble [Sch97]. Actuellement, la méthode basée sur le flux de dispersion magnétique est la technique d'inspection la plus fiable et la plus rentable pour l'essai non destructif d'un câble [Wai79], [Wei02]. Cette technique mesure le champ magnétique près de la surface du câble pour détecter des défauts locaux tels que les fils cassés, la corrosion par piqûre ou l'usure locale.

Pour cela, les capteurs à effet Hall, les bobines d'induction et tout autre type de capteur magnétique sont utilisés [Wei02], [Jom09]. Cette technique donne la mesure des changements de flux magnétique à travers une longueur du câble pour déterminer ces changements dans la section globale et transversale [Hea00], [Hea91].

La méthode d'émission acoustique d'inspection a été développée pour une surveillance continue du câble avec les ondes de contrainte élastique produites par le dégagement rapide de l'énergie dans le matériau. Dans un câble, les sources principales d'émission acoustique détectable incluent la coupure des fils, l'usure entre les fils et la corrosion. L'application réaliste de la technologie d'émission acoustique pour la surveillance d'un câble est la détection et la localisation des ruptures de fils [Hea91], [Cas97], [Dru07]. Les techniques d'émission électromagnétique et acoustique utilisent des capteurs invasifs pour la détection du défaut.

Les câbles soumis à la torsion dans la direction d'enroulement du toron sont chargés à la compression et souffrent du détoronnage lorsque les torons s'ouvrent pour quitter le vide central [Stu01]. Ce phénomène est une instabilité de torsion avec une déformation structurale qui implique une détérioration du câble par flambage local. Le flambage conduit à une déformation permanente grave [Erm08]. Ces détériorations sont attribuées à la fatigue, la corrosion, l'abrasion et les dommages mécaniques. Elles doivent être détectées de manière obligatoire pour éviter des conséquences catastrophiques.

Dans ce chapitre, on analyse l'effet du détoronnage d'un câble qui passe dans une poulie sur le couple de sortie au tambour du treuil avec mesure du courant statorique de la machine à induction entraînant le système de levage. Pour cela, le système de levage traité (machine à induction à cage triphasée 22kW, 230V/400V, 47Hz, 2 paires de pôles) a été conçu afin de montrer l'influence du câble détoronné sur le courant statorique et le couple de sortie sur le tambour. On présente une méthode originale non-invasive pour détecter les défauts du câble en utilisant le courant statorique de la machine à induction.

4.2 Détoronnage du câble

4.2.1 Définition du détoronnage

Les câbles sont les éléments porteurs critiques dans de nombreuses applications telles que les grues, les ascenseurs ou monte-charges [Sil02]. Un câble est un composant complexe composé de nombreux torons de forme hélicoïdale enroulés ensemble pour achever une structure complète combinant la force axiale et la rigidité ainsi que la flexibilité en torsion [Sil02], [Gig03]. Chaque toron est constitué d'un certain nombre de fils enroulés autour d'un noyau de fils. Donc, un léger glissement relatif entre les torons et les fils se produit lorsque le câble est soumis à une force de traction et au moment de la flexion sur le tambour et sur la roue de guidage, qui conduit à une usure de contact entre les fils d'acier. Le frottement des fils cause des dommages, une initialisation de fissures, une propagation et des fractures de fils [Zha03].

Parfois, la distorsion du câble relative à la perte de torons, à l'effet de détoronnage ou aux dommages mécaniques, est remarquée. Ces défauts contribuent à la détérioration des câbles à cause de la fatigue, de la corrosion, de l'abrasion et d'autres types de contraintes mécaniques. Dans les applications sensibles, l'état du câble doit être surveillé continuellement pour assurer la sécurité. En cas de détérioration, il est important le remplacer avant la durée de vie maximale autorisée [Hea91], [Ma08], [Map09], [Rid01], [Cha08], [Usa08], [Fey07], [Rid09].

Le processus de fabrication d'un câble conduit à la combinaison de la force axiale, de la rigidité et de la flexibilité en torsion. Une autre conséquence de la géométrie des câbles est qu'ils sont réactifs en torsion. Ils génèrent un couple en réponse à la traction lorsque les extrémités sont bloquées en rotation ou inversement tournent autour de leur axe quand une extrémité n'est pas contrainte. Cette dernière condition génère une fatigue de torsion. Les oscillations torsionnelles sont les conséquences des fluctuations de la charge élastique [Usa08], [Cha99a], [Cha99b], [Ver.a] ainsi que des oscillations torsionnelles produites par les fluctuations dans la charge. Quand le câble tourne, la construction d'origine est modifiée. Cette déformation augmente la longueur des fils extérieurs par rapport aux fils intérieurs et rend le câble moins efficace. Le terme "détoronnage" est utilisé pour décrire ce type de phénomène donnant un aspect d'un câble contraint en compression [Ver.b], [Hea04], [Ver.c] (Figure 4.1).

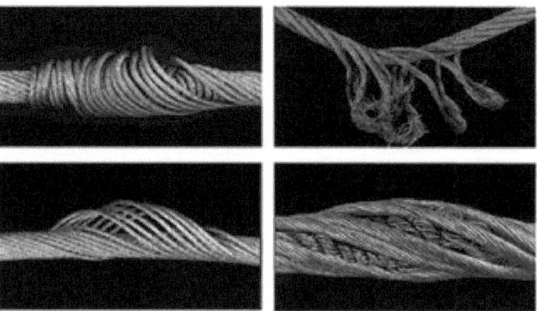

Figure 4.1. Quelques aspects de câbles détoronnés [Ver.a]

4.2.2   Effet sur la poulie

Les conditions idéales d'exploitation d'un câble de levage exigent que ce système soit conçu de manière à ce que le câble entre et sorte de la poulie parfaitement en alignement avec celle-ci (Figure 4.2a). Dans la pratique, il est impossible d'éviter un angle de déflexion entre le câble et la poulie (Figure 4.2.b). L'angle de déflexion est l'angle entre le câble et l'axe du tambour ou la poulie. Si l'angle de déflexion est trop grand, le câble subit l'abrasion et change sa structure [Cha95]. L'angle maximum de déviation du câble par rapport à l'axe de la gorge de la poulie ne doit pas dépasser $1,5°$

[Ver.c]. Un angle de déflexion excessif provoque des dommages sur le câble, la poulie et le tambour. L'angle de déflexion doit être réduit pour un meilleur service du câble. Dans la pratique, un faible angle de déflexion entre le câble et l'axe de la poulie ne peut pas être évité.

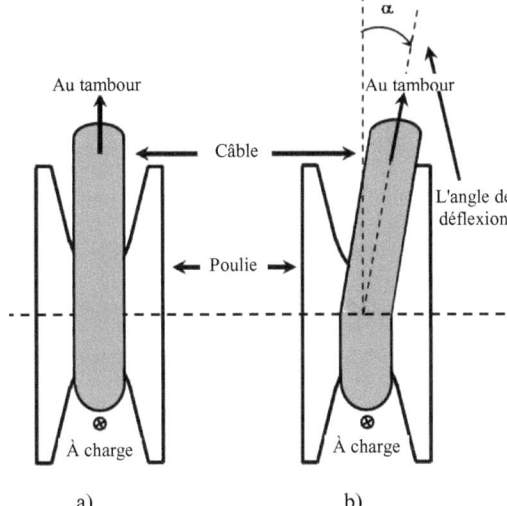

a)   b)

Figure 4.2. État de fonctionnement du câble sur la poulie:
a) Direction idéale - b) Direction réelle.

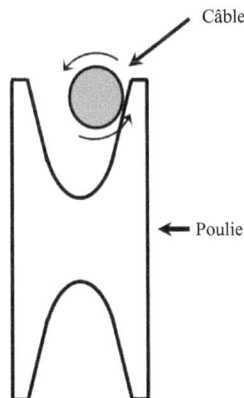

Figure 4.3. Câble roulant au fond de la gorge de la poulie en raison d'un angle de déflexion

Avec un grand angle de déflexion, le câble n'entre pas dans la poulie à l'endroit le plus bas de la gorge. Elle touche d'abord la gorge sur la bride puis roule au fond de la gorge. Cette action (Figure 4.3) enroule le câble autour de lui-même dans la direction perpendiculaire à la rotation de la poulie [Ver.c] Ce phénomène sera d'autant plus significatif que le coefficient de frottement dans le contact avec la poulie sera élevé.

4.2.3 Influence sur le couple de sortie

Dans la mesure où la structure du câble est déformée par le détoronnage, ceci fera augmenter de manière importante le frottement conséquence de l'angle de déflexion. Cet effet produit une sollicitation en rotation ce qui fait augmenter le couple de frottement et ceci jusqu'au moment où le glissement se manifeste par une rotation inverse produisant ainsi un fonctionnement oscillatoire [Sch97]. L'effet de la vibration générée dans la poulie à cause du détoronnage du câble ainsi que son effet sur le tambour sont déterminés en considérant que le câble est complètement tendu et que tous les efforts subis par le segment de câble détoronné lors du passage par la poulie sont transmis par le câble sur le tambour. Vu de cette manière, l'effet du détoronnage sur le couple de charge vu par le tambour est modélisé de la manière suivante [Hed09b], [Blo06a], [Blo06b]:

$$T_t(t) = T_0 + u\left(t_{lim}\right) . T_{cd} \cos(2\pi f_{cd}\, t - \phi_{cd}) \tag{4.1}$$

où T_0 est le couple moyen de la charge vu par le tambour et T_{cd}, f_{cd}, Φ_{cd} sont l'amplitude, la fréquence et la phase de la vibration torsionnelle induite sur le tambour à cause du câble détoronné et u (t_{lim}) est une fenêtre rectangulaire dépendante du temps qui est définie comme suit:

$$u\left(t_{lim}\right) \triangleq \begin{cases} 1, \text{ pour } t_{in} \leq t \leq t_{fin} \\ 0, \text{ autrement} \end{cases} \tag{4.2}$$

avec t_{in} le temps initial lorsque le câble détoronné arrive sur la poulie et t_{fin} est le temps final lorsque l'effet de cette perturbation disparaît dans le couple. Théoriquement, la fréquence induite par l'effet de détoronnage sur le couple de charge est localisée dans le spectrogramme comme:

$$f_{t-cd}(t) = u\left(t_{lim}\right).f_{cd} \tag{4.3}$$

Toutes les vibrations torsionnelles dans le système mécanique ont une influence sur le couple de la charge appliquée du côté rotor de la machine à induction. Donc, l'effet du câble détoronné sur le courant statorique est observé comme une modulation de phase qui est formulée comme suit [Hed09b], [Blo06a], [Blo06b]:

$$I(t) = I_s \sin\left(2\pi f_s t\right) + I_r \sin\left[2\pi f_s t + u\left(t_{lim}\right).\beta \cos\left(2\pi f_{cd} t\right)\right] \tag{4.4}$$

où f_s est la fréquence d'alimentation et β est l'indice de modulation introduit par la perturbation du câble détoronné. Le premier terme $I_s \sin\left(2\pi f_s t\right)$ représente le courant du stator et le second terme est la composante du courant produit par le rotor qui induit une force électromotrice statorique. Lorsque la portion de câble détoronnée passe sur la poulie, $u\ (t_{lim})=1$, la perturbation de couple de charge module en phase le courant statorique dans une période transitoire. Dans le cas contraire, $u\ (t_{lim})=0$ et aucun effet de modulation n'est présent dans le courant statorique. Théoriquement, la fréquence induite par l'effet de détoronnage sur le courant statorique est localisée dans le spectrogramme comme:

$$f_{s-cd}(t) = f_s \pm u\left(t_{lim}\right).m.f_{cd} \tag{4.5}$$

114

avec m=1,2,3,...

4.3 Résultats expérimentaux

4.3.1 Description du banc d'essai

Un banc d'essai a été conçu afin de montrer l'effet du câble détoronné sur le couple de sortie du tambour et sur le courant statorique la machine à induction qui entraîne le système de levage. Les composants de ce banc d'essai ont été déjà présentés dans le chapitre 3 (Figure 3.1.).

Le treuil A est entraîné par un contrôle de vitesse en boucle fermée afin d'assurer une vitesse constante pendant les deux processus d'enroulement et de déroulement du câble pour une charge entre un minimum et un maximum. Le treuil B est entraîné par un contrôle du couple en boucle fermée pour simuler une charge constante sur le câble à n'importe quelle vitesse dans les deux situations d'enroulement et de déroulement.

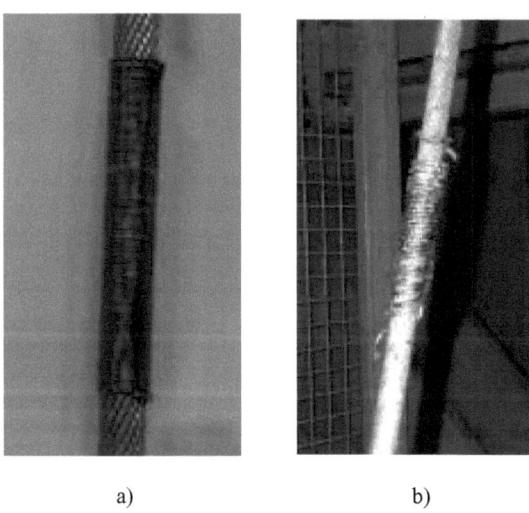

a)   b)

Figure 4.4. Simulation pratique de l'effet du détoronnage du câble
a) Fil de cuivre de diamètre 1 mm, enroulé sur une longueur de 100mm
b) Fil de cuivre de diamètre 2,6 mm, enroulé sur une longueur de 85mm.

Entre les deux treuils (Figure 3.1), le câble est installé en passant par une poulie baladeuse qui réduit l'angle de déflexion. Le diamètre du câble est 14mm. Pour reproduire le défaut du détoronnage, un fil de cuivre a été enroulé autour du câble sur une longueur de 85mm afin de reproduire une augmentation de diamètre sur un segment de câble. Dans ce cas, deux fils de diamètres 1,0 mm et 2,6 mm enroulés sur une longueur de 100mm et 85mm respectivement, ont été utilisés pour simuler deux niveaux de diamètre modifiés (Figure 4.4). Pour le premier cas, avec un changement de 14% sur le diamètre du câble, aucune présence visible de défaut n'a été détectée dans les différents signaux. Dans le second cas avec un changement de 37% sur le diamètre du câble, la détection a été possible dans tous les signaux.

Comme il était expliqué dans le chapitre 3, ce banc d'essai a été conçu pour observer de nombreuses grandeurs physiques comme les vibrations, les émissions acoustiques, le bruit, le couple de sortie, la tension, le courant, la vitesse et la température sous l'effet de plusieurs défauts mécaniques. Toutes ces caractéristiques ne sont pas utilisées dans ce travail. Afin de corréler toutes les variables physiques mesurées à n'importe quelle fréquence, la fréquence d'échantillonnage du système d'acquisition a été choisie à F_s = 25kHz, en considérant que les phénomènes de vibration peuvent être détectés à une fréquence maximale autour de 10 kHz. Pour l'analyse numérique des signaux, le calcul du spectre est réalisé de deux manières par la méthode de Welch avec un taux de recouvrement de 50% et par le spectrogramme 3D. Les deux méthodes utilisent une fenêtre d'Hanning sous l'environnement de MATLAB. Les spectres et les spectrogrammes obtenus sont normalisés en utilisant la composante principale du courant statorique et du couple moyen comme référence. L'amplitude de chaque composante a été exprimée en dB. Deux essais ont été exécutés avec deux niveaux de charge à 300daN (charge légère) et 1000daN (charge nominale) pour une vitesse du tambour de 1,82rd/s.

4.3.2 Analyse et interprétation des mesures

Avec le tambour tournant à 1,82rd/s, le premier essai a été effectué avec une charge de 300daN. Dans ce cas, la fréquence de rotation de la machine à induction est $f_r = 22,42$Hz et la fréquence fondamentale du stator est $f_s = 45$Hz. Le couple de sortie au moment où le segment du câble détoronné passe sur la poulie entre $t_{in}=10,5$s et $t_{fin}=12,5$s a été analysé (Figure 4.5). Dans ce signal, on observe que le défaut du câble introduit une oscillation de couple de sortie non-stationnaire qui peut être facilement identifiée à $f_{cd} = 1,75$Hz dans le spectre (Figure 4.6).

Tableau 4.1. Fréquences observées dans le spectre du couple de sortie pour la détection de l'effet de détoronnage à faible charge.

		Sans défaut	Avec défaut
Fréquence [Hz]		Amplitude [dB]	
f_r	22,42	-120	-116
f_{cd}	1,75	-73	-63,5

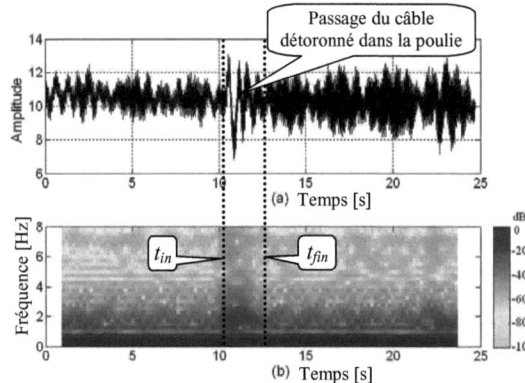

Figure 4.5. Couple de sortie au tambour au moment où le segment du câble détoronné passe dans la poulie (300daN de charge):
a) Signal dans le domaine temporel - b) Représentation temps-fréquence dans la bande [0Hz, 8Hz].

117

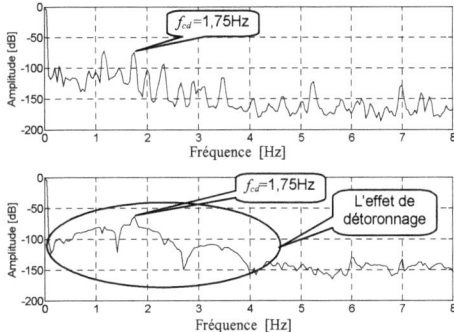

Figure 4.6. Spectre du couple de sortie dans la bande [0Hz, 8Hz] pour une charge de 300daN à une vitesse de tambour 1,82rd/s, avec un câble en bon état (en haut) et avec un câble défectueux (en bas).

Dans le spectre du couple de sortie, on observe que l'amplitude de la fréquence f_{cd} présente une sensibilité de 9,5dB à l'effet de détoronnage. L'amplitude de la fréquence f_r montre une sensibilité de 4 dB dans le même état (Tableau 4.1). L'essai présenté (Figure4.5) montre à la fin du signal entre 22,5s et 25s, l'effet de la fin de course du câble. Ce dernier phénomène est différent de l'effet de détoronnage, car il induit d'autres fréquences plus hautes comparativement à celles générées par le défaut mécanique observé. La figure 4.7 montre l'analyse temps-fréquence du couple de sortie en utilisant le spectrogramme avec le câble en bon état et le câble défectueux. L'oscillation du couple de sortie non-stationnaire induite par le défaut du câble est détectée à l'instant exact et à la même fréquence détectée dans le spectre (f_{cd} = 1,75Hz). Dans le spectrogramme du couple de sortie, on remarque que pour la période pendant laquelle le segment du câble détoronné passe dans la poulie, l'amplitude de cette fréquence est augmentée d'environ 15 dB. En bon état (Figure 4.7.a), on observe une légère fluctuation de cette fréquence ce qui montre la contrainte induite par l'effet de torsion du câble en bon état.

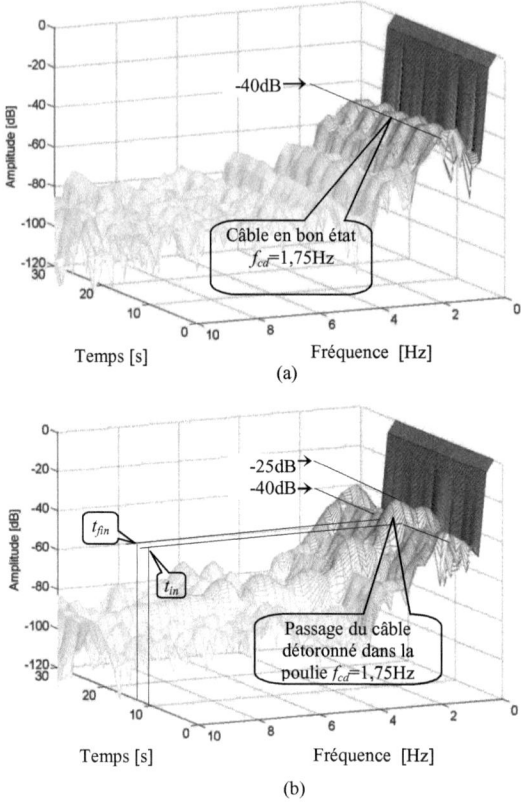

Figure 4.7. Spectrogramme du couple de sortie dans la bande [0Hz, 10Hz] à l'instant où le câble détoronné passe dans la poulie pour un niveau de charge de 300daN à une vitesse de tambour 1,82rd/s: (a) Câble en bon état - (b) Câble détoronné.

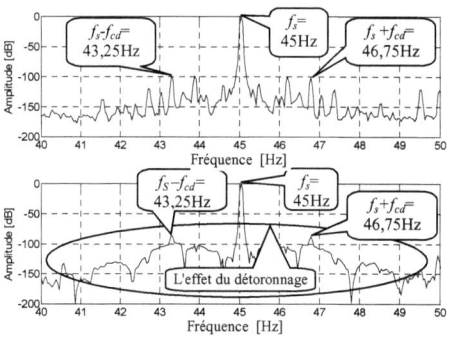

Figure 4.8. Spectre du courant statorique dans la bande [40Hz, 50Hz] pour une charge de 300daN à une vitesse de tambour 1,82rd/s, avec un câble en bon état (en haut) et avec un câble défectueux (en bas).

119

Tableau 4.2. Fréquences observées dans le spectre du courant statorique pour la détection de l'effet de détoronnage à faible charge.

		Sans défaut	Avec défaut
Fréquence [Hz]		Amplitude [dB]	
$f_s\text{-}f_r$	22,58	-108	-110
$f_s\text{+}f_r$	67,42	-113	-111
$f_s\text{-}f_{cd}$	43,25	-99	-86
$f_s\text{+}f_{cd}$	46,75	-100	-88

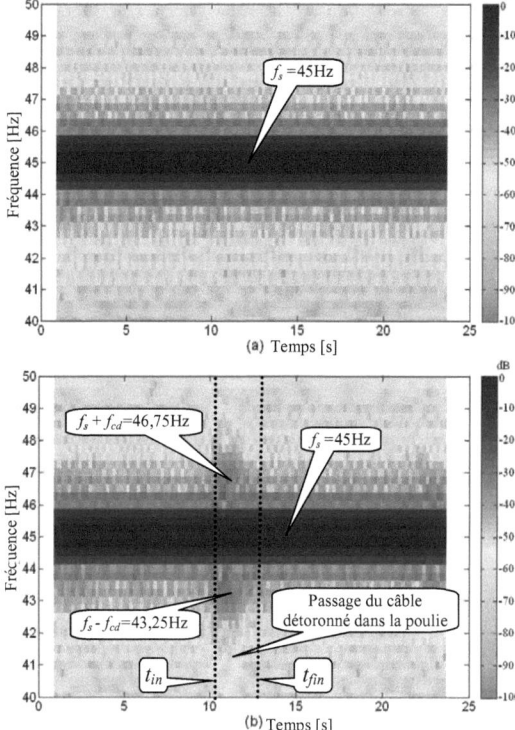

Figure 4.9. Spectrogramme du courant statorique dans la bande [40Hz, 50Hz] à l'instant où le câble détoronné passe dans la poulie pour un niveau de charge de 300daN à une vitesse de tambour 1,82rd/s: (a) Câble en bon état - (b) Câble détoronné.

La figure 4.8 montre le spectre du courant statorique pour les mêmes conditions de défaut du câble. On observe que l'effet de la déformation du câble influence l'amplitude des fréquences $f_{scd} = f_s + f_{cd}$ (pour $m=1$, $f_s=45$Hz, $f_{cd}=1,75$Hz) comme

120

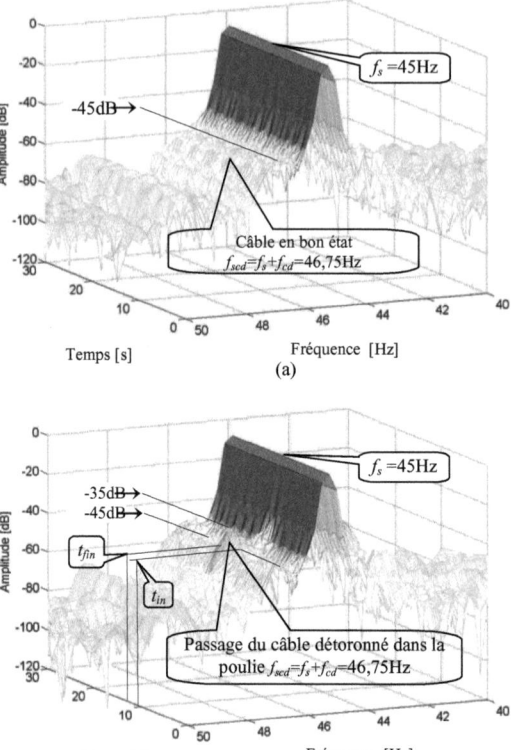

Figure 4.10. Spectrogramme du courant statorique ((b) la bande [40Hz, 50Hz] à l'instant où le câble détoronné passe dans la poulie pour un niveau de charge de 300daN à une vitesse de tambour 1,82rd/s: (a) Câble en bon état - (b) Câble détoronné.

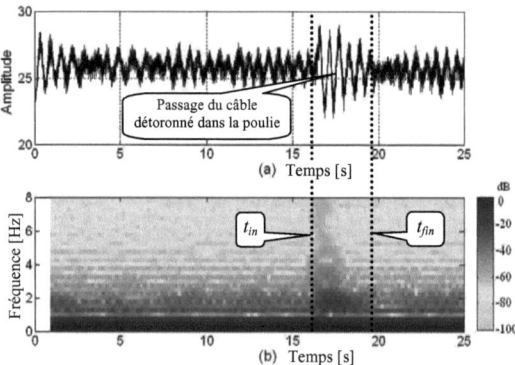

Figure 4.11. Couple de sortie au tambour à l'instant où le segment du câble détoronné passe dans la poulie (1000daN de charge): a) Signal dans le domaine temporel - b) Représentation temps-fréquence dans la bande [0Hz, 8Hz].

Tableau 4.3. Fréquences observées dans le spectre du couple de sortie pour la détection de l'effet de détoronnage à la charge nominale.

		San défaut	Avec défaut
Fréquence [Hz]		Amplitude [dB]	
f_r	22,42	-134	-128
f_{cd}	1,73	-74	-70

proposé dans l'équation (4.5). Il présente une sensibilité d'environ 12dB alors que les fréquences associées à la vitesse de rotation du rotor $f_{sr}=f_s \pm f_r$ (f_r=22,42Hz) ne sont pas sensibles (Tableau 4.2). Dans la figure 4.9, le spectrogramme du courant statorique est donné dans les mêmes conditions avec le câble sans défaut et avec défaut. Lorsque le câble détoronné passe dans la poulie, le niveau de la fréquence de bande latérale $f_{scd}=$ f_s+f_{cd} (46,75Hz) est augmenté d'environ 10dB de 10.5s à 12.5s (Figure 4.10). L'autre fréquence de bande latérale $f_{scd}=f_s-f_{cd}$ (43,25Hz) n'est pas montrée (Figure 4.10) mais son changement est presque le même. En bon état (Figure 4.10.a), la fréquence $f_{scd}=$ f_s+f_{cd} a une légère fluctuation comme dans le couple de charge.

Le second test a été effectué pour une vitesse de rotation du tambour 1,82rd/s et une charge de 1000daN. La fréquence du rotor de la machine à induction est toujours f_r=22,42Hz et la fréquence fondamentale du courant statorique n'est pas modifiée (f_s=45 Hz). Dans la figure 4.11, les oscillations de couple de sortie dues à l'effet de détoronnage sont présentes entre t_{in}=16s et t_{fin}=19,5s. Dans ce cas, la fréquence d'oscillation est f_{cd}=1,73Hz. Les amplitudes des fréquences f_r et f_{cd} sont données dans le Tableau 4.3 avec une valeur plus faible pour f_r et avec une sensibilité à l'effet du détoronnage de 4dB pour f_{cd}. Néanmoins, il est clairement observé dans le spectrogramme (Figure 4.12) que l'amplitude de cette dernière fréquence a une sensibilité de 12dB à l'effet du détoronnage.

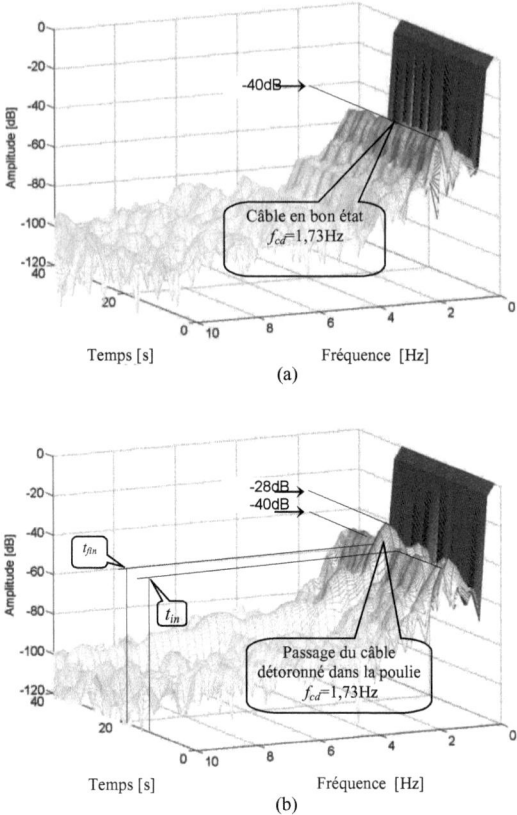

Figure 4.12. Spectrogramme du couple de sortie dans la bande [0Hz, 10Hz] au moment où le câble détoronné passe dans la poulie pour un niveau de charge de 1000daN à une vitesse de tambour 1,82rd/s: (a) Câble en bon état - (b) Câble détoronné.

Tableau 4.4. Fréquences observées dans le spectre du courant statorique pour la détection de l'effet de détoronnage à charge nominale.

		Sans défaut	Avec défaut
Fréquence [Hz]		Amplitude [dB]	
$f_s\text{-}f_r$	22,58	-101	-101
$f_s\text{+}f_r$	67,42	-106	-106
$f_s\text{-}f_{cd}$	43,27	-98	-80
$f_s\text{+}f_{cd}$	46,73	-102	-82

123

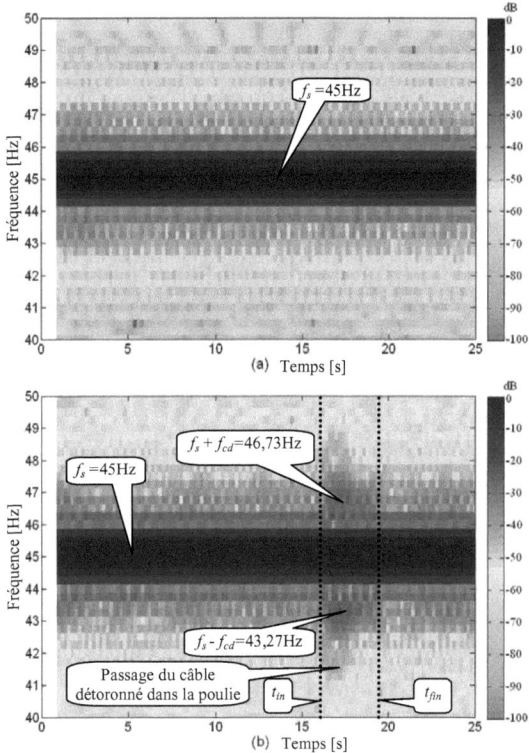

Figure 4.13. Spectrogramme du courant statorique dans la bande [40Hz, 50Hz] à l'instant où le câble détoronné passe dans la poulie pour un niveau de charge de 1000daN à une vitesse de tambour 1,82rd/s: (a) Câble en bon état - (b) Câble détoronné.

Dans le spectre du courant statorique, les fréquences $f_{sr}=f_s\pm f_r$ ne sont pas sensibles et les fréquences $f_{scd}=f_s+f_{cd}$ présentent une grande sensibilité à l'effet du détoronnage d'environ 19dB (Tableau 4.4). Cette sensibilité est également présente dans le spectrogramme du courant statorique (Figure 4.13) sur les fréquences de bande latérale. La fréquence 46,73Hz est observée avec une sensibilité de 8 dB au défaut du câble (Figure 4.14). En bon état (Figure 4.14.a), la fréquence $f_{scd}=f_s+f_{cd}$ a toujours une légère fluctuation comme dans les autres cas. En tenant compte seulement de résultats du spectrogramme, on remarque que la sensibilité concernant les fréquences de ce dernier cas est légèrement diminuée pour le couple de sortie et le courant statorique.

124

Cette observation est considérée comme une conséquence de l'augmentation de la charge. Pour l'amplitude initiale des spectrogrammes analysés, on observe qu'un seuil est défini autour de -40dB pour les fréquences f_{cd} dans le couple de sortie et f_s+f_{cd} dans le courant statorique. Au-dessus de ce seuil donné qui est fonction du rapport signal/bruit du système d'acquisition, l'effet du détoronnage est facilement reconnu.

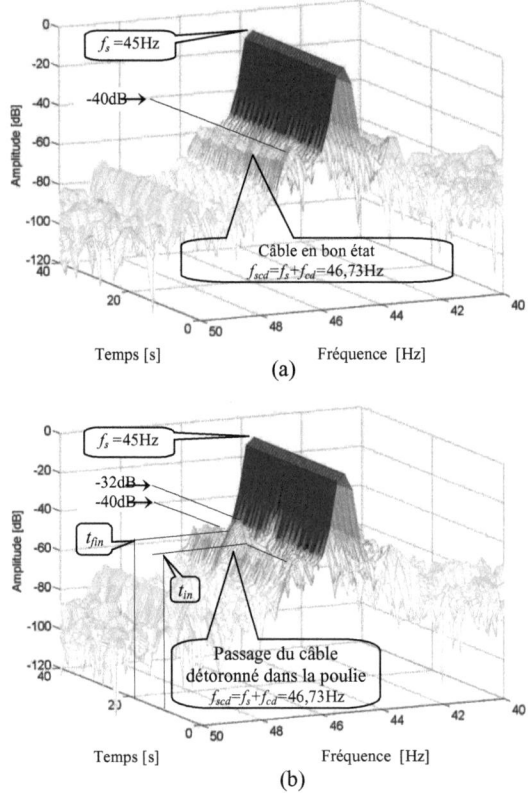

Figure 4.14. Spectrogramme du courant statorique dans la bande [40Hz, 50Hz] à l'instant où le câble détoronné passe dans la poulie pour un niveau de charge de 1000daN à une vitesse de tambour 1,82rd/s: (a) Câble en bon état - (b) Câble détoronné.

Par les différents tests qui ont été effectués pour d'autres vitesses du tambour, il a été remarqué que l'effet du détoronnage ne peut pas être détecté si la vitesse est trop faible même avec un niveau de charge élevée (vitesse de 0,13rd/s avec une charge de

2000daN). Néanmoins, si la vitesse du tambour est suffisamment importante même à un niveau de charge élevée (vitesse de 3,3rd/s avec une charge de 2000daN), l'effet du détoronnage est bien détecté dans le couple de sortie et le courant statorique aux mêmes fréquences comme expliqué précédemment. Donc, il y a une limite de vitesse au-dessous de laquelle la détection de défaut n'est pas possible en raison de la sensibilité du système global.

La fréquence f_{cd} induite dans le couple de sortie a été déterminée expérimentalement. Elle dépend évidemment de comment le fil simulant l'effet du détoronnage est enroulé autour du câble principal. Les différentes dimensions du système mécanique sont également influentes. Cette fréquence est la première composante principale du couple après 0Hz (fondamental).

4.4 Conclusion

Dans les systèmes électromécaniques complexes, un câble est souvent utilisé comme moyen de transmission de force mécanique. La présence d'une déformation de ce câble, accompagnée de l'effet de rotation de celui-ci à cause de l'angle de déflexion avec une poulie, induit des efforts supplémentaires lors du passage du segment déformé dans la poulie. Ces efforts sont de types oscillatoires et introduisent des fréquences supplémentaires dans le couple de charge vu par le tambour. Plusieurs méthodes de détection ont été proposées par des mécaniciens. La principale contribution originale proposée dans ce chapitre est la méthode de détection de ce type de défaut dans le courant statorique de la machine électrique qui entraîne le système de levage.

Sachant que l'effet du détoronnage n'affecte qu'un petit segment du câble en introduisant une oscillation non-stationnaire, la détection de ce type de défaut nécessite une analyse temps-fréquence. Les résultats obtenus par la technique proposée ont montré une sensibilité importante du couple de sortie et du courant statorique à l'effet du détoronnage même à différents niveaux de charge et de vitesse.

On peut conclure que l'analyse temps-fréquence du courant statorique est un bon indicateur pour la détection de l'effet du détoronnage dans un câble associé à un système de levage. Il a été constaté qu'avec l'augmentation du couple de charge, le signal obtenu est atténué ainsi que l'effet du détoronnage dans le courant statorique de la machine électrique. Cependant, la sensibilité du défaut se situe entre 5dB et 10dB par rapport à un seuil défini ce qui est vraiment important. Cette évaluation fait du MCSA avec analyse temps-fréquence un outil efficace pour détecter l'effet du détoronnage des systèmes électromécaniques complexes utilisant des câbles.

CHAPITRE 5

CHAPITRE 5

DÉTECTION DU DÉFAUT D'ACCROCHAGE DE CHARGE

5.1 Introduction

Dans le chapitre 3, nous avons présenté un banc d'essai industriel qui est constitué d'un système de levage. Sur ce banc d'essai, nous avons présenté les défauts du réducteur, du désalignement entre l'arbre du moteur d'entraînement et l'arbre d'entrée du réducteur, de la piste extérieure d'un roulement, du détoronnage du câble de levage et d'accrochage de la charge.

L'accrochage de charge est une condition qui se produit pendant le fonctionnement d'un système électromécanique. Dans ce cas, la charge augmente soudainement et elle diminue éventuellement après une période de temps.

La référence [Ras10b] présente l'effet de l'accrochage de charge sur le couple de sortie au tambour et du courant statorique dans la machine à induction qui entraîne un système du levage. Il a été montré que dans le cas de changement rapide dans la charge, une oscillation de couple non-stationnaire apparaît pendant un temps court ce qui produit une composante à basse fréquence dans les spectrogrammes du couple de sortie et du courant statorique avec différents niveaux de charge. Dans ce cas, ce couple se produit exactement après application et libération de l'accrochage de la charge. Les analyses et les résultats expérimentaux concernant l'effet de l'accrochage de charge sera présenté dans ce chapitre. Les résultats expérimentaux sont vérifiés dans les domaines temporel et temps-fréquence.

Le système de levage traité (Figure 3.1) a été conçu afin de mesurer l'impact de l'accrochage de charge sur le courant statorique et sur le couple de sortie. Cette étude présente une méthode originale non-invasive pour détecter l'accrochage de charge en utilisant le courant statorique de la machine à induction.

5.2 Effet de l'accrochage de charge sur le couple de sortie et le courant statorique

Lors d'un défaut mécanique, le couple de la charge évolue en fonction du temps. Toutefois, il peut être représenté par une composante constante associée à la charge mécanique T_0 et une composante supplémentaire dépendant de la caractéristique fréquentielle f_{osc} comme le montre la relation (5.1) [Blo06a], [Blo06b], [Hed07], [Hed09b].

$$T_{ch\,arge}(t) = T_0 + T_{osc} \cos(2\pi f_{osc} t) \tag{5.1}$$

où T_0 est le couple moyen et T_{osc} est l'amplitude des oscillations de couple relatives au défaut mécanique. L'accrochage de charge est une condition qui se produit pendant le fonctionnement d'un système électromécanique. Dans ce cas, la charge augmente soudainement et elle diminue éventuellement après une période de temps. Lorsque l'accrochage de charge est appliqué au système de levage au temps t_{in}, les courants statoriques et rotoriques augmentent en même temps que le couple de la charge. En revanche, quand l'accrochage de charge est libéré du système de levage au temps t_{fin}, les courants statoriques et rotoriques diminuent en même temps que le couple de charge. Après l'application de l'accrochage de charge (t_{in}) et sa libération (t_{fin}), une torsion oscillant pendant le temps t_{lim} apparaît dans le couple de sortie en raison du changement rapide de couple. Sachant que cette oscillation torsionnelle conduit aux oscillations de la charge, le couple de charge vu par le tambour peut être écrit comme suit:

$$T_t(t) = T_0 + u(t)T_0' + \left(u'(t)T_{ac} \cos(2\pi f_{ac} t - \phi_{ac})\right) \tag{5.2}$$

130

où $T_0^{'}$ est l'augmentation du couple de charge moyen dans le cas de l'accrochage, T_{ac}, f_{ac} et ϕ_{ac} sont respectivement l'amplitude, la fréquence et le déphasage de la vibration torsionnelle induite dans la charge en raison de l'accrochage, $u(t)$ et $u'(t)$ sont des fenêtres rectangulaires en fonction du temps qui sont définies comme suit:

$$u\left(t\right)= \begin{cases} 1, \text{ pour } t_{in} \leq t \leq t_{fin} \\ 0, \text{ autrement} \end{cases} \tag{5.3}$$

$$u^{'}\left(t\right)= \begin{cases} 1, \text{ pour } t_{in} \leq t \leq t_{in}+t_{\lim} \\ 1, \text{ pour } t_{fin} \leq t \leq t_{fin}+t_{\lim} \\ 0, \text{ autrement} \end{cases} \tag{5.4}$$

Théoriquement, la fréquence induite par l'accrochage dans le couple de charge du tambour est localisée dans le spectrogramme par l'expression suivante:

$$f_{t-ac} = u^{'}\left(t\right).f_{ac} \tag{5.5}$$

Toutes les vibrations torsionnelles dans le système mécanique ont un effet sur le couple de charge appliqué au côté rotor de la machine à induction. Ainsi, l'effet de l'accrochage de charge sur le courant statorique est observé simultanément comme une modulation de phase et est formulé par la relation suivante [Blo06a], [Blo06b], [Hed09b]:

$$\begin{aligned} I\left(t\right) &= u^{''}\left(t\right).\left(I_s \sin\left(2\pi f_s t\right)+I_r \sin\left[2\pi f_s t +u^{'}\left(t\right).\beta\cos\left(2\pi f_{ac}t-\phi_{ac}\right)\right]\right)+ \\ &u\left(t\right).\left(I_s^{'} \sin\left(2\pi f_s t\right)+I_r^{'} \sin\left[2\pi f_s t +u^{'}\left(t\right).\beta\cos\left(2\pi f_{ac}t-\phi_{ac}^{'}\right)\right]\right) \end{aligned} \tag{5.6}$$

où f_s est la fréquence d'alimentation, β est l'indice de modulation introduit par la perturbation de l'accrochage, I_s et I_r sont respectivement les courants du stator et du rotor sans l'accrochage, I'_s et I'_r sont respectivement les courants du stator et du rotor après accrochage, $u''(t)$ est une fenêtre rectangulaire en fonction du temps qui est définie comme suit:

$$u''(t) = \begin{cases} 1, & \text{pour } t < t_{in} \\ 1, & \text{pour } t_{fin} < t \\ 0, & \text{autrement} \end{cases} \qquad (5.7)$$

Dans l'expression (5.6) les termes $I_s \sin(2\pi f_s t)$ et $I'_s \sin(2\pi f_s t)$ représentent le courant statorique résultant d'un côté stator en bon état alors que les autres qui sont multipliés par I_r et I'_r sont les composantes du courant rotorique. Lorsque l'accrochage de charge est appliqué au système, $u(t) = 1$, $u''(t) = 0$ et $u'(t)=0$ lorsque $t_{in} \leq t \leq t_{in} + t_{\lim}$. À ce moment, la perturbation du couple de charge module le courant statorique en phase dans la deuxième partie de l'expression (5.6) pendant la période transitoire. En revanche, avant l'application et après la libération de l'accrochage, $u(t) = 0$, $u''(t) = 1$ et $u'(t)=1$ lorsque $t_{fin} \leq t \leq t_{fin} + t_{\lim}$. À ce moment, la perturbation du couple de charge module le courant du stator en phase dans la première partie de l'expression (5.6) pendant le période transitoire. Dans les cas contraires, $u(t)=u'(t)=u''(t)=0$ et aucun effet de modulation n'est présent dans le courant statorique. Théoriquement, la fréquence induite par l'effet de l'accrochage de charge sur le courant statorique est localisée dans le spectrogramme comme:

$$f_{s-ac} = f_s + u'(t) f_{ac} \qquad (5.8)$$

5.3 Résultats expérimentaux

5.3.1 Description du banc d'essai

Le même banc d'essai du chapitre 3 (Figure 3.1) sera utilisé ici afin de montrer l'effet de l'accrochage de charge dans un système de levage.

La simulation du défaut d'accrochage est réalisée en modifiant rapidement la consigne de la charge de 10%, 20 % et 50 % de la charge nominale pendant 20 secondes. Dans ce cas, la machine à induction du treuil de levage fonctionne dans la configuration boucle fermée avec une fréquence d'alimentation de 45Hz. Le temps d'acquisition est T=40s avec une fréquence d'échantillonnage F_s=25kHz pour tous les essais afin d'avoir une résolution de fréquence (0,025Hz) pour l'analyse du spectre.

Les sorties des capteurs du courant statorique et du couple de la charge sont filtrées, adaptées et connectées à une carte d'acquisition de 24-bit insérée dans un ordinateur personnel. Les différents signaux ont été traités par la transformée de Fourier rapide (FFT) en utilisant la fenêtre de Hanning afin de réduire les fuites dans le spectre et le spectrogramme pour une représentation dans le domaine temps-fréquence. Tous les algorithmes de traitement du signal ont été appliqués en utilisant l'environnement MATLAB ©. Les spectres et les spectrogrammes obtenus sont normalisés en utilisant la composante principale du courant statorique et du couple moyen comme références. L'amplitude des variables est exprimée en dB.

5.3.2 Analyse des résultats du défaut d'accrochage de charge

Dans notre banc d'essai, tous les essais ont été effectués avec la fréquence d'alimentation de 45 Hz aux trois niveaux différents de l'accrochage de charge : 10% (660daN), 20% (760daN) et 50% de la charge nominale (900daN). La première analyse a été effectuée sur les spectres du couple de sortie (Figure 5.1). La comparaison des trois niveaux différents de l'accrochage de charge a été illustrée par des couleurs différentes. On peut remarquer que plus le niveau de l'accrochage de charge augmente plus l'amplitude de couple de sortie augmente dans la bande de fréquences [0-4Hz]. La vérification des spectres du couple de sortie ne montre aucune différence entre les amplitudes dans les spectres pour le reste de la bande de fréquence

jusqu'à 15Hz.

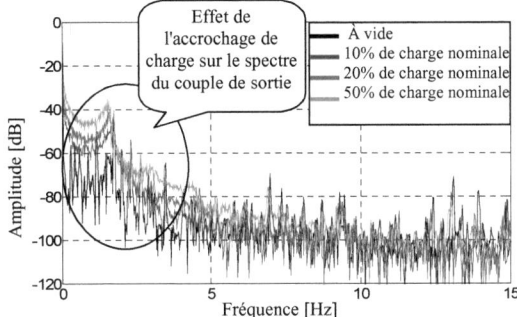

Figure5.1. Spectres du couple de sortie dans la bande [0Hz, 15 Hz] avec différents niveaux de l'accrochage de charge à fréquence d'alimentation 45Hz. (Noir) à vide, (bleu)10% de la charge nominale, (rouge) 20% de la charge nominale, (vert) 50% de la charge nominale.

Ceci a été encore vérifié dans le spectre du courant statorique (Figure 5.2). Il est

remarqué que plus le niveau de l'accrochage de charge augmente plus l'amplitude du

courant statorique augmente dans la bande de fréquence [42Hz-48Hz]. On peut encore

constater qu'il n'y a pas une différence d'amplitude importante dans les spectres pour

le reste de la bande dans les spectres du courant statorique. La figure 5.3 montre la

comparaison des représentations du couple de sortie en temps et en temps-fréquence

dans le cas de l'accrochage de la charge à 10% de la charge nominale. Le couple de

sortie à l'instant où l'accrochage de la charge est appliqué au système entre le temps

t_{in}=7s et t_{fin}=27s a été analysé. Dans cette figure, on observe qu'après avoir appliqué

(t_{in}) et libéré (t_{fin}) l'accrochage de la charge au système, des oscillations de couple non-

stationnaires apparaissent pendant t_{lim}. Ces oscillations sont identifiées dans le

spectrogramme du couple de charge.

La figure 5.4 montre le spectrogramme du couple de sortie en 3D. C'est une bonne

représentation de ce phénomène pour le même test. Comme le montre la figure 5.4, après l'application de l'accrochage de la charge à t_{in}=7s et la libération à t_{fin}=27s, la composante f_{ac} est détecté à 1,5Hz pendant t_{lim}=3s.

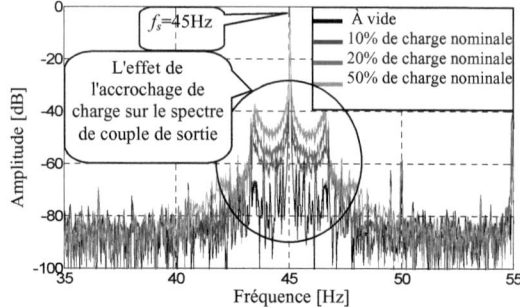

Figure 5.2. Spectres du courant statorique dans la bande [35Hz, 55 Hz] avec différents niveaux de l'accrochage de la charge à fréquence d'alimentation de 45Hz. (Noir) à vide, (bleu) 10% de la charge nominale, (rouge) 20% de la charge nominale, (vert) 50% de la charge nominale.

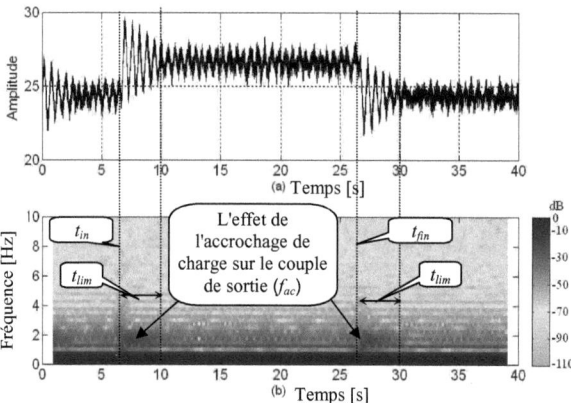

Figure 5.3. Comparaison des représentations en temps et en temps-fréquence du couple de sortie en cas de l'accrochage de la charge avec 10% de la charge nominale. (a) Temps (b) Temps-fréquence

La figure 5.5 montre la comparaison des représentations du courant statorique en temps et en temps-fréquence pour le même essai. Pendant le temps de l'application de l'accrochage de la charge, l'amplitude du courant statorique augmente. On remarque également que les fréquences f_s+f_{ac} et f_s-f_{ac} sont détectées dans le spectrogramme du courant statorique exactement après l'application et la libération de l'accrochage de la charge. La figure 5.6 montre le spectrogramme du courant du stator en 3D afin de mieux représenter ce phénomène pour le même essai. On constate que les fréquences f_s+f_{ac} et f_s-f_{ac} sont détectées à 46,5Hz et à 43,5Hz respectivement pendant $t_{lim}=3$s après l'application de l'accrochage de la charge à $t_{in}=7$s, et la libération à $t_{fin}=27$s. Ces fréquences sont déterminées expérimentalement.

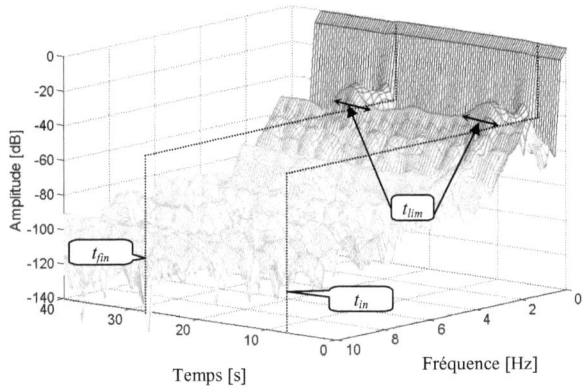

Figure 5.4. Représentation en temps-fréquence du couple de sortie en 3D, en cas de l'accrochage de la charge avec 10% de la charge nominale

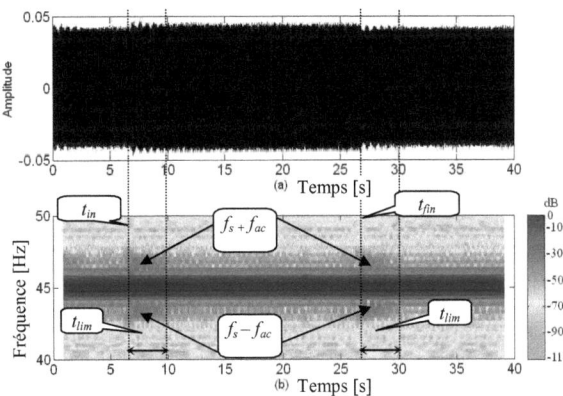

Figure 5.5. Comparaison des représentations en temps et en temps-fréquence du courant statorique en cas de l'accrochage de la charge avec 10% de la charge nominale. (a) Temps (b) Temps-fréquence

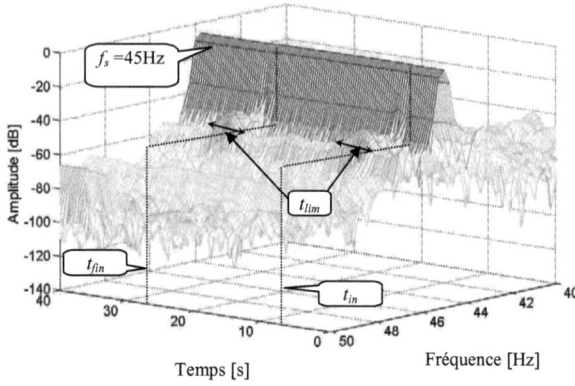

Figure 5.6. Représentation temps-fréquence du courant statorique en 3D, en cas de l'accrochage de la charge avec 10% de la charge nominale

L'autre test a été exécuté avec 20% de la charge nominale pour la simulation de l'accrochage de la charge. La figure 5.7 montre la comparaison des représentations du couple de sortie en temps et en temps-fréquence. Dans ce dernier cas, le couple de sortie a été analysé au moment où l'accrochage de la charge a été appliqué entre t_{in}=8,5s et t_{fin}=28,5s. Comme dans le premier essai, on observe des oscillations de couple de charge non-stationnaires pendant t_{lim} après d'avoir appliqué à t_{in} et libéré à t_{fin} l'accrochage de la charge. Ces oscillations sont identifiées dans le spectrogramme du couple de charge. La figure 5.8 montre le spectrogramme du couple de sortie en 3D. Dans ce cas, on remarque que la fréquence f_{ac} est détectée à 1,5Hz pendant t_{lim}=3s après l'application de l'accrochage de la charge à t_{in}=8,5s et la libération à t_{fin}=28,5s. La figure 5.9 montre la comparaison des représentations du courant statorique en temps et en temps-fréquence pour le même essai. On remarque que l'amplitude du courant statorique augmente pendant le temps de l'application de l'accrochage de la charge. Ainsi, on observe que les fréquences f_s+f_{ac} et f_s-f_{ac} sont détectées dans le spectrogramme du courant statorique exactement après avoir appliqué et libéré l'accrochage de la charge. La figure 5.10 montre le spectrogramme du courant statorique en 3D. Cela donne une bonne représentation de ce phénomène pour le

137

même essai. On constate que les fréquences f_s+f_{ac} et f_s-f_{ac} sont détectées à 46,5Hz et 43,5Hz respectivement pendant t_{lim}=3s et après l'application de l'accrochage de la charge à t_{in}=8,5s, et la libération à t_{fin}=28,5s.

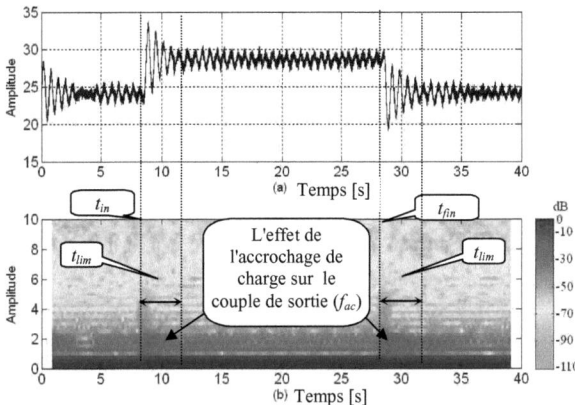

Figure 5.7. Comparaison des représentations temps et temps-fréquence du couple de sortie en cas de l'accrochage de la charge avec 20% de la charge nominale. (a) Temps (b) Temps-fréquence

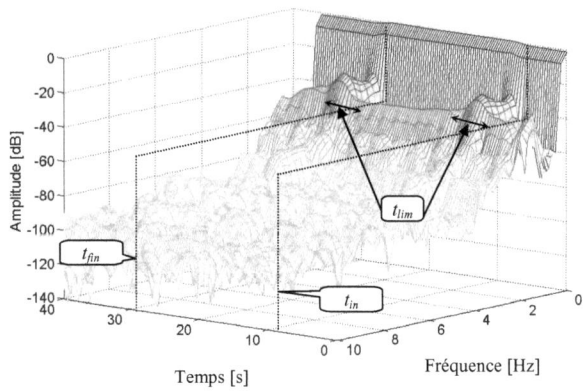

Figure 5.8. Représentation temps-fréquence du couple de sortie en 3D, en cas de l'accrochage de la charge avec 20% de la charge nominale

Le dernier test a été exécuté à 50% de la charge nominale. La figure 5.11 montre la comparaison des représentations du couple de sortie en temps et en temps-fréquence. Dans ce dernier cas, le couple de sortie a été analysé au moment où l'accrochage de la charge est appliqué au système entre le temps t_{in}=8s et t_{fin}=28.

138

Comme dans les essais précédents, on remarque qu'après avoir appliqué t_{in} et libéré t_{fin} l'accrochage de charge au système, des oscillations de couple non-stationnaires apparaissent pendant t_{lim}. Ces oscillations sont identifiées dans le spectrogramme du couple de charge.

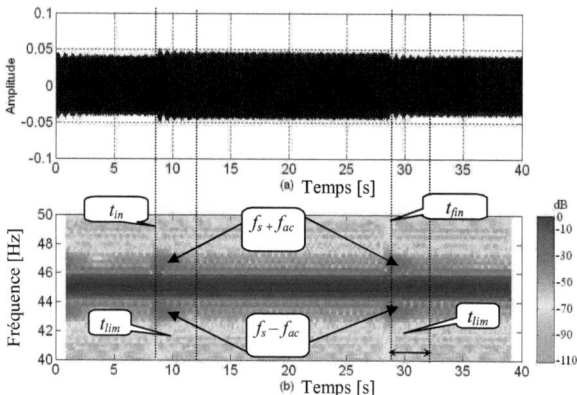

Figure 5.9. Comparaison des représentations temps et temps-fréquence du courant statorique en cas de l'accrochage de charge avec 20% de la charge nominale. (a) Temps (b) Temps-fréquence

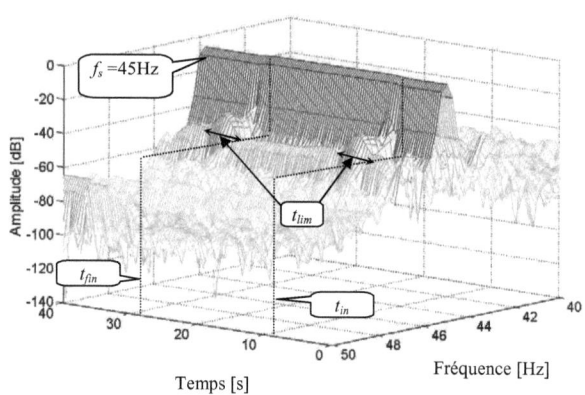

Figure 5.10. Représentation temps-fréquence du courant statorique en 3D, en cas de l'accrochage de la charge avec 20% de la charge nominale

La figure 5.12 montre le spectrogramme du couple de sortie en 3D. Dans ce cas, on constate qu'après application de l'accrochage de la charge à t_{in}=8s et la libération à t_{fin}=28s, la fréquence f_{ac} est détectée à 1,5Hz pendant t_{lim}=3s. On remarque qu'avant l'application de l'accrochage de la charge, l'amplitude moyenne était T_0. Par contre,

139

après l'application de l'accrochage de la charge, elle augmente à $T_0+T'_0$, comme exprimé par l'équation (5.2). La vérification du spectrogramme du couple de sortie montre que plus le pourcentage de la charge nominale utilisé pour simuler l'accrochage de la charge augmente, plus l'amplitude de la fréquence f_{ac} augmente et par conséquent, elle est plus facile à détecter.

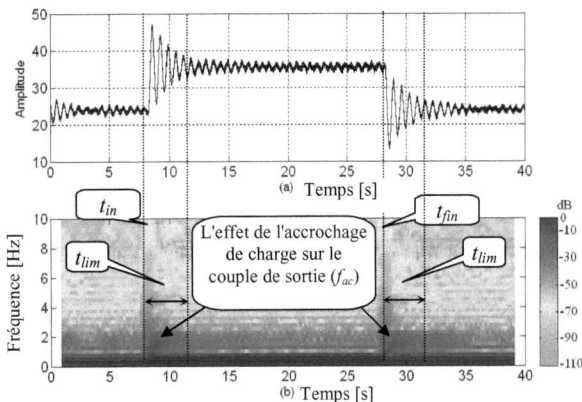

Figure 5.11. Comparaison des représentations temps et temps-fréquence du couple de sortie en cas de l'accrochage de la charge avec 50% de la charge nominale. (a) Temps (b) Temps-fréquence

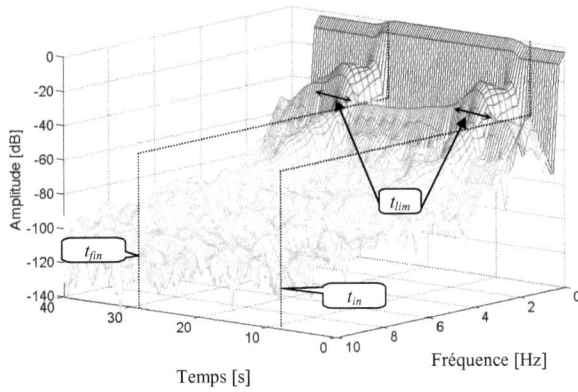

Figure 5.12. Représentation temps-fréquence du couple de sortie en 3D, en cas de l'accrochage de la charge avec 50% de la charge nominale

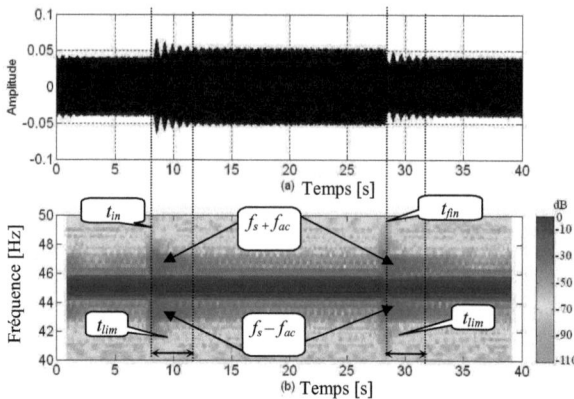

Figure 5.13. Comparaison des représentations temps et temps-fréquence du courant statorique en cas de l'accrochage de la charge avec 50% de la charge nominale. (a) Temps (b) Temps-fréquence

La figure 5.13 montre la comparaison des représentations du courant statorique en temps et en temps-fréquence pour le même essai. On remarque que l'amplitude du courant statorique augmente pendant l'application de l'accrochage de la charge. On constate que les fréquences f_s+f_{ac} et f_s-f_{ac} sont détectées dans le spectrogramme du courant statorique exactement après avoir appliqué et libéré l'accrochage de la charge. La figure 5.14 montre le spectrogramme du courant statorique en 3D. Cela donne une bonne représentation de ce phénomène pour le même essai. On remarque qu'après application de l'accrochage de la charge à t_{in}=8s, et la libération à t_{fin}=28s, les fréquences f_s+f_{ac} et f_s-f_{ac} sont détectées à 46,5Hz et 43,5Hz respectivement pendant t_{lim}=3s. Pour la comparaison dans des conditions normales, le couple de sortie et le courant statorique ont été analysés. La figure 5.15 montre les représentations du couple de sortie en temps et en temps-fréquence ainsi que la représentation du courant statorique en temps-fréquence. On remarque que pour sans accrochage de charge, aucune modification n'est observée dans le couple de sortie et dans le courant statorique.

141

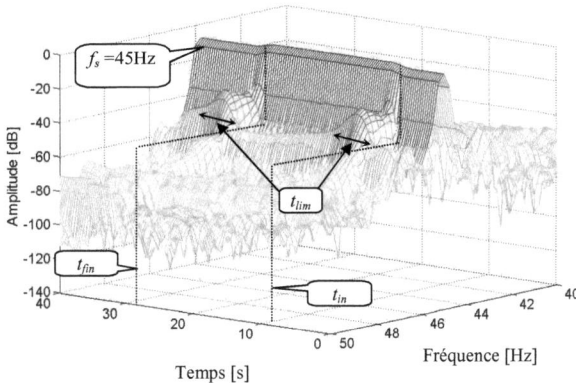

Figure 5.14. Représentation temps-fréquence du courant statorique en 3D, en cas de l'accrochage de la charge avec 50% de la charge nominale

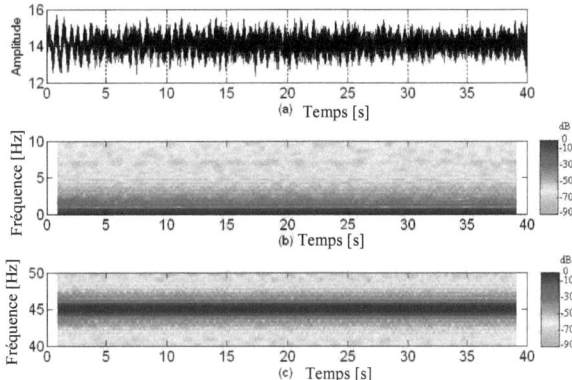

Figure 5.15. Comparaison des représentations temps et temps-fréquence du couple de sortie et du courant statorique dans l'état normal. (a) Temps couple de sortie, (b) Temps-fréquence couple de sortie, (c) Temps-fréquence courant statorique.

5.4 Conclusion

Dans ce chapitre, l'effet de l'accrochage de la charge a été étudié. Son influence sur le couple de sortie et le courant statorique dans le système de levage a été vérifiée par la théorie et les expériences. Nous avons trouvé qu'après avoir appliqué et libéré l'accrochage de la charge, des oscillations non-stationnaires apparaissent pendant un temps borné t_{lim}. Ces oscillations sont identifiées dans les spectrogrammes du couple de sortie et du courant statorique. Ceci concerne la modification rapide de la charge dans le système qui sera amortie après un certain temps pour arriver à un état stable. Pendant cette période, le couple de charge est affecté par une oscillation non-stationnaire. Donc, ceci conduit obligatoirement à une analyse temps-fréquence. Les résultats obtenus par la technique proposée ont montré une sensibilité importante du couple de la charge et du courant statorique aux effets de l'accrochage de la charge. De cette façon, on peut conclure que l'analyse temps-fréquence du courant statorique et du couple de sortie sont des bons indicateurs pour la détection de l'effet de l'accrochage de la charge dans un système de levage. Toutefois, il est préférable d'effectuer la détection en utilisant le courant statorique car il est moins invasif en terme de capteur par rapport au couple de sortie qui n'est pas mesuré dans un système industriel réel.

CONCLUSION GÉNÉRALE

CONCLUSION GÉNÉRALE

Dans le premier chapitre, nous avons fait l'état de l'art de la surveillance des systèmes électromécaniques par analyse des courants statoriques de la machine asynchrone d'entraînement. Nous constatons que parmi les défauts les plus importants, on trouve les défauts relatifs à la partie mécanique. Pour un certain nombre de défauts et surtout ceux qui ne sont pas directement associées à la machine électrique, les méthodes de surveillance classiques basées sur l'analyse des vibrations ou les effets acoustiques sont toujours d'actualité. On constate que peu à peu de nouvelles voies s'ouvrent vers la délocalisation des points d'observation pour l'obtention de nouvelles mesures donnant des informations précises sur les phénomènes observés autour des défauts mécaniques. Les défauts mécaniques associés à la machine électrique d'entraînement comme l'excentricité rotorique ou les défauts dans ses roulements sont traités directement par surveillance du courant statorique d'alimentation. La méthode utilisée pour établir cette corrélation est basée sur les variations dans l'entrefer de la machine qui sont induites par les forces radiales subies par les éléments mécaniques sous défaut. Les résultats donnés par cette méthode ont montré leur validité quand la variation de l'entrefer est suffisante pour exciter des fréquences caractéristiques. Cette dernière condition limite l'utilisation de la méthode surtout quand un défaut de roulement est naissant et quand les variations d'entrefer ne sont pas significatives.

Dans le deuxième chapitre, l'analyse de résultats expérimentaux a montré que le flux de dispersion mesuré autour d'une machine à induction (à cage ou à rotor bobiné) est affecté par le comportement mécanique des roulements, de la boîte à engrenages et des excentricités. Ainsi, dans tous les essais présentés et aux charges faibles, le spectre de la *fem* induite par le flux de dispersion dans la bobine exploratrice montre des

145

fréquences dues à la mécanique qui donnent des informations utiles sur le comportement de l'ensemble. Ce fait est exploité dans la surveillance efficace en utilisant des capteurs non invasifs et non coûteux. Une méthode utilisant la *fem* induite par le flux de dispersion dans une bobine exploratrice est proposée pour le contrôle de la boîte à engrenages. Elle est basée sur la signature du courant statorique qui affecte directement le flux de dispersion. Pour le système électromécanique en bon état considéré dans ce travail, certaines fréquences caractéristiques d'une boîte à engrenages ont été analysées. Les résultats obtenus montrent que la *fem* du flux de dispersion amplifie les fréquences d'engrènement et les fréquences relatives d'égrènement, qui ne peuvent pas être facilement identifiés dans le courant statorique. En revanche, certaines fréquences associées aux fréquences d'entrée et de sortie ne sont pas toujours identifiées en fonction du type de machine à induction (à rotor bobiné ou à cage).

Dans le troisième chapitre, un système de levage avec ses instruments est présenté afin d'étudier plusieurs défauts mécaniques. Les défauts présentés concernent le réducteur planétaire, un des roulements du tambour, le désalignement entre la machine d'entraînement et le support du tambour, le détoronnage du câble ainsi que l'accrochage de la charge. Pour le réducteur planétaire, le mode de fonctionnement a été vérifié afin d'obtenir le rapport de réduction final pour localiser la fréquence d'engrènement. L'influence de la charge sur les spectres du couple de sortie et du courant statorique a été vérifiée en cas de défaut du réducteur. Il a été montré que l'augmentation de la charge amortit les fréquences de rotation dans les spectres du couple de sortie alors que les spectres du courant statorique ne sont pas très sensibles au niveau de la charge. Ce type de défaut d'usure lié à l'axe du satellite a été étudié et ses effets ont été vérifiés sur le couple de sortie, le courant statorique et le signal de vibration donné par la voie C24. Il a été montré qu'il n'y a pas beaucoup de sensibilité sur les spectres ni du couple de sortie, ni du courant statorique et ni du signal de vibration. C'est la preuve d'une bonne robustesse de ce type de réducteur même avec une usure avancée dans les trois axes des satellites.

Concernant le défaut de désalignement, l'influence de la charge a été vérifiée sur les spectres du couple de sortie, du courant statorique et du signal de vibration. Les fréquences données par la rotation du moteur d'entraînement f_r qui sont toujours présentes dans le spectre du signal donné par l'accéléromètre montrent une sensibilité particulière au défaut de désalignement. Cette sensibilité est plus marquée dans le couple de sortie et le courant d'alimentation que dans le signal de vibration. Cette dernière observation indique que l'effet du désalignement sur le moteur d'entraînement ne conduit pas nécessairement à une modification importante de l'entrefer mais introduit simplement un effort torsionnel supplémentaire. Nous avons trouvé que l'augmentation de la charge amortit les fréquences de rotation. Dans le cas d'augmentation de la charge, le couple de sortie et le signal de vibration sont plus sensibles que le courant statorique. À haute vitesse, la force centrifuge est plus grande qu'à basse vitesse. Les fréquences de la vitesse de rotation à haute vitesse seront mieux détectées, surtout avec le capteur de vibration. Cela montre que l'influence de l'augmentation de la charge à haute vitesse n'est pas très importante comparée à la basse vitesse. Cela est valide pour les spectres du couple de sortie, du courant statorique et du signal de vibration.

Pour le défaut du roulement, cela n'est pas détecté dans le spectre du courant statorique et le spectre du couple de sortie ni dans le spectre de la vibration du capteur associé à la voie C11. Cela nécessite un débruitage et une étude statistique (Kurtosis) des signaux vibratoires et électriques analysés.

Dans le quatrième chapitre, l'effet de détoronnage du câble a été examiné dans le courant statorique et dans le couple de sortie. La principale contribution proposée dans ce chapitre est la méthode originale de détection ce type de défaut du câble dans le courant statorique de la machine électrique qui entraîne le système de levage. Sachant que l'effet du détoronnage n'affecte qu'un petit segment du câble en introduisant une oscillation non-stationnaire, sa détection nécessite une analyse temps-fréquence. Les résultats obtenus par la technique proposée ont montré une sensibilité importante du couple de sortie et du courant statorique à l'effet de détoronnage même à différents niveaux de charge et à des vitesses différentes. Ainsi, on a constaté que l'analyse temps-fréquence du courant statorique est un bon indicateur pour la détection de l'effet du détoronnage dans un câble associé à un système de levage. Avec l'augmentation du couple de charge, le signal obtenu devient atténué ainsi que l'effet du détoronnage dans le courant statorique de la machine électrique. Cependant, la sensibilité du défaut se situe entre 5dB et 10dB par rapport à un seuil défini ce qui est vraiment important. Cette évaluation fait du MCSA avec analyse temps-fréquence un outil efficace pour détecter l'effet de détoronnage dans les systèmes électromécaniques complexes utilisant des câbles.

Dans le cinquième et le dernier chapitre, l'effet de l'accrochage de la charge est étudié. Son influence sur les spectres et les spectrogrammes du couple de sortie et du courant statorique a été vérifiée par la théorie et les expériences. Nous avons trouvé qu'après avoir appliqué et libéré l'accrochage de la charge, des oscillations non-stationnaires apparaissent pendant un temps borné t_{lim}. Ces oscillations sont facilement identifiées dans le spectrogramme du couple de sortie et du courant statorique. Ceci concerne la modification rapide de la charge dans le système qui sera amorti après un certain temps pour arriver à un état stable. Dans cette période, le couple de charge est affecté par une oscillation non-stationnaire. Il s'agit obligatoirement d'une analyse temps-fréquence. Les résultats obtenus par la technique proposée ont montré une sensibilité importante du couple de la charge et du courant statorique aux effets de l'accrochage de la charge. De cette façon, on peut conclure que l'analyse temps-fréquence du courant statorique et du couple de sortie sont de bons indicateurs pour la détection de l'effet de l'accrochage de la charge.

Néanmoins, il s'avère qu'il reste énormément de travaux à réaliser sur le diagnostic des défauts mécaniques dans les systèmes électromécaniques complexes.

a) Dans le deuxième chapitre, nous avons analysé les effets du réducteur, de l'excentricité et des roulements dans la machine à induction en mode sain par le flux de dispersion alors que ce sera bon de les traiter avec défauts pour vérifier la fiabilité de flux de dispersion.

b) Dans le troisième chapitre, le défaut d'un réducteur planétaire a été traité en remplaçant les trois axes des satellites du train planétaire 1 par des axes rectifiés de 50µm. Cela peut être vérifié avec un défaut plus important en augmentant l'usure des axes des satellites.

c) Modéliser le fonctionnement du roulement de la machine à induction qui a été présenté dans le chapitre 2 pour simuler les fréquences caractéristiques et trouver des nouvelles composantes fréquentielles pour cette analyse.

Je souhaitrais vivement pouvoir réaliser moi-même ces travaux, ou les voir réaliser par quelqu'un d'autre.

BIBLIOGRAPHIE

BIBLIOGRAPHIE

A

[And08]   R. N. Andriamalala, H. Razik, L. Baghli, F.-M. Sargos, "Eccentricity fault diagnosis of a dual-stator winding induction machine drive considering the slotting effects," *IEEE Transactions on Industrial Electronics,* Dec. 2008, vol. 55, no. 12, pp. 4238-4251.

B

[Bac08]   K. Bacha, H. Henao, M. Gossa, G.-A. Capolino, "Induction machine fault detection using stray flux EMF measurement and neural network-based decision," *Electric Power Systems Research*, vol. 78, Issue 7, July 2008, pp. 1247-125.

[Bay02]   N. Baydar, A. Ball, "Detection of gear failures via vibration and acoustic signals using wavelet transform," *Mechanical Systems and Signal Processing*, vol. 17, no. 4, 2002, pp. 787-804.

[Bel03]   D. Belkhayat, R. Romary, M. El. Adnani, R. Corton, J. F. Brudny, "Fault diagnosis in induction motors using radial magnetic field measurement with an antenna," *Journal Measurement Science and Technology,* vol. 14, no. 9, September 2003, pp.1695-1700.

[Bel06]   A. Bellini, C. Concari, G. Franceschini, C. Tassoni, A. Toscani, "Vibrations, currents and stray flux signals to asses induction motors rotor conditions," *32nd IEEE Industrial Electronics Annual Conference (IECON 2006),* Nov. 2006, pp. 4963 – 4968.

[Bel08]   A. Bellini, F. Filippetti, C. Tassoni, G.A. Capolino, "Advances in diagnostic techniques for induction machines," *IEEE Transactions on Industrial Electronics*, Dec. 2008, vol.55 no.12, pp. 4109-4126.

[Blo06a]   M. Blodt, M. Chabert, J. Regnier, J. Faucher, "Mechanical load fault detection in induction motors by stator current time-frequency analysis," *IEEE Transactions on Industry Applications*, vol. 42, no. 6, Nov./Dec. 2006, pp. 1454–1463.

[Blo06b]   M. Blodt, J. Regnier, M. Chabert, J. Faucher, "Fault Indicators for Stator Current Based Detection of Torque Oscillations in Induction Motors at Variable Speed Using Time-Frequency Analysis" *The 3rd IET International Conference on Power Electronics, Machines and Drives*, Mar. 2006, pp. 56-60.

[Blo08]   M. Blodt, P. Granjon, B. Raison, G. Rostaing, "Models for bearing damage detection in induction motors using stator current monitoring," *IEEE Transactions on Industrial Electronics,* Apr. 2008, vol. 55, no. 4, pp. 1813-1822.

C

[Cam86]   J.R. Cameron, W.T. Thomson, A.D. Dow, "Vibration and current monitoring for detecting airgap eccentricity in large induction motors," *Proceedings of IEE*, vol. 133, pt. B, no. 3, pp. 155-163, May 1986.

[Cas97]   N. F. Caseya, P. A. A. Laura, "A review of the acoustic-emission monitoring of wire rope," *Ocean Engineering*, Nov. 1997, vol. 24, no. 10, pp. 935-947.

[Cha06]   S. B. Chaudhury and S. Gupta, "Online Identification of AC Motor Misalignment Using Current Signature Analysis and Modified K-Mean Clustering Technique," *IEEE International Conference on Industrial Technology (ICIT'2006)*, Dec. 2006, pp. 2331-2336.

[Cha08]   C. R. Chaplin, "Interactive fatigue in wire rope applications," *Symposium on Mechanics of Slender Structures* (*MoSS 2008*), Keynote Lecture, Jul. 2008, 12pp. The document is available online at: http://www.rdg.ac.uk/nmsruntime/saveasdialog.asp?lID=33090&sID=124189.

[Cha95]   C. R. Chaplin, "Failure mechanisms in wire ropes," *Engineering Failure Analysis*, March 1995, vol. 2, no. 1, pp. 45-57.

[Cha99a] C. R. Chaplin, "Torsional failure of a wire rope mooring line during installation in deep water," *Engineering Failure Analysis*, Apr. 1999, vol. 6, no. 2, pp.67-82.

[Cha99b] C. R. Chaplin, G. Rebel, I. Ridge, "Tension-torsion fatigue effects in wire ropes," *OIPEEC Bulletin 77*, Reading Rope Research, University of Reading, United Kingsdom, 1999, 7pp. The document is available online at: http://www.bgisl.com/RRR_OE_Twist_article_OIPEEC_1999.pdf

[Coo65]   J. W. Cooley and J. W. Tukey, "An algorithm for machine calculation of complex Fourier series", *Math. Comput.,* vol. 19, pp. 197-301, 1965.

D

[Deb04]   K. Debray, F. Bogard, Y.Q. Guo, "Numerical vibration analysis on defection in revolving machines using two bearing models," *Archive of Applied Mechanics*, vol. 74, no. 1-2, Oct. 2004, pp. 45-58.

[Dem04]   C. Demian, A. Mpanda-Mabwe, H. Henao, G.A. Capolino, "Detection of induction machines rotor faults at standstill using signals injection," *IEEE Transactions on Industry Applications,* vol. 40, no. 6, Nov./Dec. 2004, pp. 1550 – 1559.

[Dev04]   M. J. Devaney, L. Eren, "Detecting motor bearing faults," *IEEE Instrumentation & Measurement Magazine*, vol. 7, no. 4, Dec. 2004, pp. 30-50.

[Dje07]   M. Djeddi, P. Granjon, B. Leprettre, "Bearing fault diagnosis in induction machine based on current analysis using high-resolution technique," *Proc. of IEEE Symposium on Diagnostics for Electric Machines Power Electronics and Drives (SDEMPED'2007)*, Cracow, Poland, pp. 23-28, Sept. 2007.

[Dor97]   D.G Dorrell, W.T. Thomson, S. Roach, "Analysis of airgap flux, current, and vibration signals as a function of the combination of static and dynamic airgap eccentricity in 3-phase induction motors," *IEEE Transactions on Industry Applications,* vol. 33, no. 1, Jan./Feb. 1997, pp. 24-34.

[Dri08]   M. Drif, A. J. M. Cardoso, "Airgap-eccentricity fault diagnosis, in three-phase induction motors, by the complex apparent power signature analysis," *IEEE Transactions on Industrial Electronics* Mar. 2008, vol. 55, no. 3, pp. 1404-1410.

[Dru07]   G. Drummond, J.F. Watson, P.P. Acarnley, "Acoustic-emission from wire ropes during proof load and fatigue testing," *NDT & E International*, Jan. 2007, vol. 40, no. 1, pp. 94-101.

E

[Ebr09]   B. M. Ebrahimi, J. Faiz, M. J. Roshtkhari, "Static-, dynamic-, and mixed-eccentricity fault diagnoses in permanent-magnet synchronous motors," *IEEE Transactions on Industrial Electronics*, Nov. 2009, vol. 56, no. 11, pp. 4727-4739.

[Erm08]   N. S. Ermolaeva, J. Regelink, M. P. M. Krutzen, "Hockling behaviour of single- and multiple-rope systems," *Engineering Failure Analysis*, Jan.-Mar. 2008, vol. 15, no. 1-2, pp.142-153.

F

[Fak06]   T. Fakhfakh, L. Walha, J. Louati, M. Haddar, "Effect of manufacturing and assembly defects on two-stage gear system vibration," *The International Journal of Advanced Manufacturing Technology*, vol. 29, pp. 1008-1018, 2006.

[Fey07]   K. Feyrer, *Wire Ropes - Tension, Endurance, Reliability*, Springer Berlin Heidelberg, 2007.

[Fin00]   W.R. Finley, M.M. Hodowanec, W.G. Holter, "An analytical approach to solving motor vibration problems," *IEEE Transactions on Industry Applications*, vol. 36, no. 5, Sept./Oct. 2000.

[For96]   B.D. Forrester, *Advanced vibration analysis techniques for fault detection and diagnosis in geared transmission systems*, Thèse de Swinburne University of Technology (Australia), 1996.

[Fro10]   L. Frosini, E. Bassi, "Stator current and motor efficiency as indicators for different types of bearing faults in induction motors," *IEEE Transactions on Industrial Electronics,* vol. 57, no. 1, Jan. 2010, pp. 244- 251.

G

[Gig03]   M. Giglio, A. Manes, "Bending fatigue tests on a metallic wire rope for aircraft rescue hoists" *Engineering Failure Analysis*, vol. 10, no. 2, Apr. 2003, pp. 223-235.

[Gom09]   M. Gomez-Parra, C. Sancho, P. Munoz-Condes, M.Antonia, G. San Andres, F.J. Gonzalez-Fernandez, J. Carpio, R. Guirado, "2009 ECCE - predictive maintenance techniques to determine dirt in railway traction motors using radial stray flux analysis," *IEEE Energy Conversion Congress and Exposition, (ECCE09).* ISBN: 978-1-4244-2893-9, Sept. 2009, pp. 248 – 255.

H

[Hab07]   W. Zhou, T.G. Habetler, R. Harley, "Bearing condition monitoring methods for electric machines: A general review," *Proc. of IEEE Symposium on Diagnostics for Electric Machines Power Electronics and Drives (SDEMPED'2007)*, Cracow, Poland, pp. 3-6, Sept. 2007.

[Hal06]   E. B. Halim, S. L. Shah, M. J. Zuo, M. A. A. S. Choudhury, "Fault detection of gearbox from vibration signals using time-frequency domain averaging" *IEEE Proceedings of the American Control Conference*, June 2006, pp. 4430-4435.

[Har91]   A. T. Harris, *Rolling bearing analysis*, 3rd edition, Wiley-Interscience, New York, 1991.

[Hea00]   Health and Safety Executive, "Wire Rope Non-Destructive Testing - Survey of Instrument Manufacturers," *Offshore Technology Report*, 2000. The document is available online at: http://www.hse.gov.uk/research/otopdf/2000/oto00064.pdf.

[Hea04]   Health and Safety Commission, "Guidance on the selection, installation, maintenance and use of steel wire ropes in vertical mine shafts," *Deep Mined Coal Industry Advisory Committee*, 2004, 139pp. The document is available online at: http://www.hse.gov.uk/pubns/micvertical.pdf.

[Hea91]   Health and Safety Executive, "Wire Rope Offshore – A critical review of wire rope endurance research affecting offshore applications," *Offshore Technology Report*, 1991, 319pp. The document is available online at:

http://www.hse.gov.uk/research/othpdf/200-399/oth341.pdf.

[Hed07]   S. Hedayati Kia, H. Henao, G. A. Capolino, "Gearbox Monitoring Using Induction Machine Stator Current Analysis" *IEEE international symposium on diagnostics for electrical machines, power electronics & drives (SDEMPED'2007)*, Sep. 2007, pp. 149 -154.

[Hed09a]   S. Hedayati Kia, H. Henao, G.-A. Capolino, "Torsional vibration effects on induction machine current and torque signatures in gearbox-based electromechanical system," *IEEE Transactions on Industrial Electronics*, Nov. 2009, vol. 56, no. 11, pp. 4689-4699.

[Hed09b]   S. Hedayati Kia, H. Henao, G.A. Capolino, "Analytical and experimental study of gearbox mechanical effect on the induction machine stator current signature" *IEEE Transactions on Industrial Electronics*, vol.45, no.4, July/August 2009, pp. 1405-1415.

[Hed10]   S. Hedayati Kia, H. Henao, G.-A. Capolino, "Torsional vibration assessment using induction machine electromagnetic torque estimation," *IEEE Transactions on Industrial Electronics*, vol. 57, no. 1, Jan. 2010, pp. 209 – 219.

[Hen03a]   H. Henao, C. Demian, G.A. Capolino, "A Frequency-Domain Detection of Stator Winding Faults in Induction Machines Using an External Flux Sensor," *IEEE Trans. Ind. Appl.*, vol. 39, no. 5, September/October 2003, pp. 1272-1279.

[Hen03b]   H. Henao, G.A. Capolino, C. Martis "On the Stray Flux Analysis for the Detection of the Three-Phase Induction Machine Faults," *38th IAS Annual Meeting. Conference Record*, vol. 2, 12-16 Oct. 2003, pp. 1368 – 1373.

[Hen09]   H. Henao, S. M. J. Rastegar Fatemi, S. Sieg-Zieba, G. A. Capolino, "Detection of birdcaging in steel wire rope of a hoisting winch system by analysis of load torque and stator current" *IEEE International Symposium on Diagnostics for Electric Machines, Power Electronics and Drives, (SDEMPED09)*, 31 Aug.-3 Sept. 2009, pp. 1-6.

[Hod99]   M. M. Hodowanec, "Evaluation of antifriction bearing lubrication methods on motor life-cycle cost," *IEEE Transactions on Industry Applications*, vol. 35, no. 6, Nov./Dec. 1999. pp. 1247–1251.

I

[IAS85a]   IAS Motor Reliability Working Group, "Report of large motor reliability survey of industrial and commercial installations – Part I," *IEEE Transactions on Industry Applications*, vol. IA-21, no. 4, Jul./Aug. 1985, pp. 853-864.

[IAS85b]   IAS Motor Reliability Working Group, "Report of large motor reliability survey of industrial and commercial installations – Part II," *IEEE Transactions on Industry Applications*, vol. IA-21, no. 4, Jul./Aug. 1985, pp. 865-872.

[Ibr06]   A. Ibrahim, M. El Badaoui, F. Guillet, W. Youssef, "Electrical signals analysis of an asynchronous motor for bearing fault detection," *Proc. of IEEE IECON'06*, Paris, France, Nov. 2006, pp. 4975-4980.

[Ibr08]   A. Ibrahim, M. El Badaoui, F. Guillet, F. Bonnardot, "A new bearing fault detection method in induction machines based on instantaneous power factor," *IEEE Transactions on Industrial Electronics*, Dec. 2008, vol. 55, no. 12, pp. 4252-4259.

[Ilo05]   J. Ilonen, J. -K. Kamarainen, T. Lindh, J. Ahola, H. Kalviainen, J. Partanen, "Diagnosis tool for motor condition monitoring," *IEEE Transactions on Industry Applications*, vol. 41, no. 4, July/Aug. 2005, pp. 963-971.

[Imm09]   F. Immovilli, M. Cocconcelli, A. Bellini, R. Rubini, "Detection of generalized-roughness bearing fault by spectral-kurtosis energy of vibration or current signals," *IEEE Transactions on Industrial Electronics,* Nov. 2009, vol. 56, no. 11, pp. 4710-4717.

[Imm10]   F. Immovilli, A. Bellini, R. Rubini, C. Tassoni, "Diagnosis of bearing faults in induction machines by vibration or current signals: A critical comparison," *IEEE Transactions on Industry Applications*, vol. 46, no. 4, Jul. /Aug. 2010, pp. 1350 – 1359.

J

[Jom09]   C. Jomdecha, A. Prateepasen, "Design of modified electromagnetic main-flux for steel wire rope inspection," *NDT & E International*, Jan. 2009, vol. 42, no. 1, pp. 77-83.

K

[Kan04]   N. V. Kang, T. M. Cau, N. P. Dien, "Modeling parametric vibration of gear-pair systems as a tool for aiding gear fault diagnosis," *Technische Mechanik Journal*, vol. 24, no. 3-4, Feb. 2004, pp. 198-205.

[Kar06a]   C. Kar, A. R. Mohanty, "Multistage gearbox condition monitoring using motor current signature analysis and Kolmogorov–Smirnov test," *Journal of Sound and Vibration*, vol. 290, Issues 1-2, 21 February 2006, pp.337-368.

[Kar06b]   C. Kar, A. R. Mohanty, "Monitoring gear vibrations through motor current signature analysis and wavelet transform," *Mechanical Systems and Signal Processing*, vol. 20, Issue 1, January 2006, pp. 158-187.

[Kel03]   J. Keller, P. Grabill, "Vibration monitoring of a UH-60A main transmission planetary carrier fault," *The American Helicopter Society 59th Annual Forum*, Phoenix, AZ (USA), May 6-8, 2003.

[Kni05]   A. M. Knight, S. P. Bertani, "Mechanical fault detection in a medium-sized induction motor using stator current monitoring," *IEEE Transactions on Energy Conversion*, vol. 20, no. 4, Dec. 2005, pp. 753–760.

[Kra04]   C. Kral, T. G. Habetler, R. G. Harley, "Detection of mechanical imbalances of induction machines without spectral analysis of time-domain signals," *IEEE Transactions on Industry Applications*, vol. 40, no. 4, July/Aug. 2004, pp. 1101-1106.

[Kok03]   V. Kokko, "Condition Monitoring of Squirrel-Cage Motors by Axial Magnetic Flux Measurements," *Doctoral thesis*, Oulun Yliopisto, Oulu 2003, ISBN 951-42-6938-1, p. 157. [Online]. Available at: http://herkules.oulu.fi/isbn9514269381.

[Kor09]   S. Koroglu, A. A. Adam, N. Umurkan, K. Gulez, "Leakage magnetic flux density in the vicinity of induction motor during operation," *Journal Electrical Engineering*, vol. 91, no. 1, June 2009, pp.15-21.

L

[Lel87]   D. G. Lelvicki, J. J. Coy, "Vibration characteristics of OH-58A helicopter main Rotor transmission," *NASA Technical Paper*, NASA TP-2705/AVSCOMTR 86-C-42, 1987.

[Leo07]   F. Léonard, "Phase spectrogram and frequency spectrogram as new diagnostic tools," *Mechanical Systems and Signal Processing*, vol. 21, no. 1, Jan. 2007, pp. 125-137.

[Li00]   B. Li, M. Y. Chow, Y. Tipsuwan, J. C. Hung, "Neural-network-based motor rolling bearing fault diagnosis," *IEEE Transactions on Industrial Electronics*, vol. 47, no. 5, Oct. 2000, pp. 1060–1069.

[Li04]   W. J. Li, Y. C. Li "Fault detection of gearing system based on multi wavelet packets" *IEEE Proceedings of International Conference on Machine Learning and Cybernetics*, vol. 3, Aug. 2004, pp. 1565–1570.

M

[Ma08]   J. Ma, S. Ge, D. Zhang, "Distribution of wire deformation within strands of wire ropes," *Journal of China University of Mining and Technology*, Sept. 2008, vol. 18, no. 3, pp.475-478.

[Map09]   C. Mapelli, S. Barella, "Failure analysis of a cableway rope," *Engineering Failure Analysis*, vol. 16, no. 5, Jul. 2009, pp. 1666-1673.

[Mar09]   I. Marinescu, D. Axinte, "A time–frequency acoustic emission-based monitoring technique to identify workpiece surface malfunctions in milling with multiple teeth cutting simultaneously," *International Journal of Machine Tools and Manufacture*, vol. 49, no. 1, Jan. 2009, pp. 53-65.

[Moh06]   A. R. Mohanty, C. Kar, "Fault detection in a multistage gearbox by demodulation of motor current waveform," *IEEE Transactions on Industrial Electronics*, vol. 53, no. 4, Aug. 2006, pp. 1285-1297.

[Mor10]   D. Morinigo-Sotelo, L.A. Garcia-Escudero, O. Duque-Perez, M. Perez-Alonso, "Practical aspects of mixed-eccentricity detection in PWM voltage-source-inverter-fed induction motors," *IEEE Transactions on Industrial Electronics*, vol. 57, no.1, Jan. 2010, pp. 252 – 262.

[Mus95]   A. Muszynska, "Vibrational diagnostics of rotating machinery malfunctions," *International Journal of Rotating Machinery*, vol. 1, no. 3-4, pp. 237-266, 1995.

N

[Nag05]   S. Nagarajaiah, N. Varadarajan, "Short time Fourier transform algorithm for wind response control of buildings with variable stiffness TMD," *Engineering Structures*, vol. 27, no. 3, Feb. 2005, pp. 431-441.

[Nan01]   S. Nandi, S. Ahmed, H. A. Toliyat, "Detection of rotor slot and other eccentricity related harmonics in a three phase induction motor with different rotor cages," *IEEE Transactions on Energy Conversion*, vol. 16, no. 3, Sep. 2001. pp. 253-260.

[Nan02]   S. Nandi, R.M. Bharadwaj, H.A. Toliyat, "Performance analysis of a three-phase induction motor under mixed eccentricity condition," *IEEE Transactions on Energy Conversion*, vol. 17, no. 3, Sept. 2002, pp. 392-399.

[Nan05]   S. Nandi, H. A. Toliyat, X. Li, "Condition monitoring and fault diagnosis of electrical motors - a review," *IEEE Transactions on Energy Conversion*, vol. 20, no. 4, Dec. 2005, pp. 719-729.

[Neg06]   M. D. Negrea, "Electromagnetic Flux Monitoring for Detecting Faults in Electrical Machines;" *TKK Dissertations*, 51, Espoo 2006, Doctoral Dissertation. ISBN 951-22-8477-4, [Online]. Available at: http://lib.tkk.fi/Diss/2006/isbn9512284774.

[Nem10]   M. Nemec, K. Drobnic, D. Nedeljkovic, R. Fiser, V. Ambrozic, "Detection of broken bars in induction motor through the analysis of supply voltage modulation," *IEEE Transactions on Industrial Electronics*, vol. 57, no. 8, Aug. 2010, pp. 2879 – 2888.

O

[Oba00]   R. R. Obaid, T.G. Habetler, D. J. Gritter, "A simplified technique for detecting mechanical faults using stator current in small induction motors," *IEEE Annual Industry Applications Conference (IAS'2000)*, vol. 1, pp. 479–483, Oct. 2000.

[Oba03a]   R.R. Obaid, T.G. Habetler, "Current-based Algorithm for Mechanical Fault Detection in Induction Motors with Arbitrary Load Conditions," *IEEE Annual Industry Applications Conference (IAS'2003)*, Oct. 2003 vol. 2, pp. 1347-1351.

[Oba03b]   R. R. Obaid, T.G. Habetler, "Effect of load on detecting mechanical faults in small induction motors," *Proc. of IEEE Symposium on Diagnostics for Electric Machines Power Electronics and Drives (SDEMPED'2003)*, pp. 307-311, Atlanta, USA, Aug. 2003.

[Oba03c]   R. R. Obaid, T.G Habetler, R.M. Tallam, "Detecting load unbalance and shaft misalignment using stator current in inverter-driven induction motors," *Proc. of IEEE International Conference on Electric Machines and Drives, (IEMDC'03)*, vol. 3, pp. 1454–1458, June 2003.

[Oba03d]   R.R. Obaid, T.G. Habetler, J.R. Stack, "Stator current analysis for bearing damage detection in induction motors," *Symposium on Diagnostics for Electric Machines Power Electronics and Drives (SDEMPED'2003)*, Atlanta, USA, pp. 182-187, Aug. 2003.

P

[Pis07]   G. Piskoty, M. Zgraggena, B. Weissea, Ch. Affoltera and G. Terrasia, "Structural failures of rope-based systems," *Engineering Failure Analysis*, Sep. 2009, vol. 16, no. 6, pp. 1929-1939.

[Pei96]   S.-C. Pei, T.-L. Luo, "Split-radix generalized fast Fourier transform," Signal Processing, vol. 54, Issue 2, Oct. 1996, pp. 137-151.

R

[Raj06]   S. Rajagopalan, T. G. Habetler, R. G. Harley, T. Sebastian, B. Lequesne, "Current/voltage-based detection of faults in gears coupled to electric motors," *IEEE Transactions on Industry Applications,* vol. 42, no. 6, Nov.-dec. 2006, pp. 1412-1420.

[Ras07]   S. M. J. Rastegar Fatemi, H. Henao, G. A. Capolino, "The Effect of the Mechanical Behavior on the Stray Flux in an Induction Machine Based Electromechanical System," *IEEE International Symposium on Diagnostics, (SDEMPED07)*, ISBN: 978-1-4244-1061-3Sept. 2007, pp. 155 – 160.

[Ras08]   S. M. J. Rastegar Fatemi, H. Henao, G. A. Capolino, "Gearbox monitoring by using the stray flux in an induction machine based electromechanical system," *IEEE Mediterranean Electrotechnical Conference (MELECON08)*, ISBN: 978-1-4244-1632-5 May 2008, pp. 484-489.

[Ras09] S. M. J. Rastegar Fatemi, H. Henao, G. A. Capolino, S. Sieg-Zieba, "Load influence on induction machine torque and stator current in case of shaft misalignment," *IEEE Annual Conference (IECON '09)*, E-ISBN: 978-1-4244-4650-6, Nov. 2009, pp. 3449 – 3454.

[Ras10a] S. M. J. Rastegar Fatemi, H. Henao, G.A. Caponlio, S. Sieg-Zieba, "Load Influence on Induction Machine Torque and Stator Current with Planetary Gearbox," *The 19th International Conference on Electrical Machines (ICEM10)*, ISBN: 978-1-4244-4174-7, Rome (Italy), Sept. 2010, pp. 1-7.

[Ras10b] S. M. J. Rastegar Fatemi, H. Henao, G.A. Caponlio, S. Sieg-Zieba, "Influence of Hanging Load on Induction Machine Torque and Stator Current in Hoisting Winch system," *The 36th Annual Conference of IEEE Industrial Electronics, (IECON10)*, Phoenix (USA), Nov. 2010, pp. 2621-2627.

[Rid01] I. Ridge, C.R. Chaplin, J. Zheng, "Effect of degradation and impaired quality on wire rope bending over sheave fatigue endurance," *Engineering Failure Analysis*, Apr. 2001, vol. 8, no. 2, pp. 173-187.

[Rid09] I. Ridge, "Tension-torsion fatigue beahaviour of wire ropes in offshore moorings," *Ocean Engineering*, Jul. 2009, vol. 36, no. 9-10, pp. 650-660.

[Rom07] P.A. Romano, *A model based framework for fault diagnosis and prognosis of dynamical systems with an application to helicopter transmissions*, PhD du Georgia Institute of Technology (USA), Aug. 2007.

S

[Sad05] M. H. Sadeghi, J. Raflee, F. Arvani, A. Harifi, "A Fault Detection and Identification System for Gearboxes using Neural Networks" IEEE International Conference on Neural Networks and Brain, vol. 2, pp. 964-969. Oct. 2005.

[Sam03] P.D. Samuel, D.J. Pines, "Helicopter transmission diagnostics using constrained adaptive lifting," *The American Helicopter Society 59th Annual Forum*, Phoenix, AZ (USA), May 6-8, 2003.

[Sam04] P.D. Samuel, J.K. Conroy, D.J. Pines, "Planetary transmission diagnostics," *NASA Technical Paper,* NASA/CR—2004-213068, 2004.

[Sax05] A.B. Saxena, B. Wu, G. Vachtsevanos, "A Methodology for Analyzing Vibration Data from Planetary Gear Systems using Complex Morlet

Wavelets," *Proceedings of IEEE American Control Conference 2005*, 8-10 June 2005, vol.7, pp.4730-4735.

[Sch90]   R. L. Schiltz, "Forcing frequency identification of rolling element bearings," *Sound and vibration*, pp. 16–19, May 1990.

[Sch95a]   R. R. Schoen, T. G. Habetler, F. Kamran, R. G. Bartheld, "Motor bearing damage detection using stator current monitoring," *IEEE Transactions on Industry Applications*, vol. 31, no. 6, Nov./Dec. 1995. pp. 1274–1279.

[Sch95b]   R. R. Schoen, B. K. Lin, T. G. Habetler, J. H. Schlag, S. Farag, "An unsupervised on-line system for induction motor fault detection using stator current monitoring," *IEEE Transactions on Industry Applications*, vol. 31, no. 6, Nov./Dec. 1995, pp. 1280–1286.

[Sch97]   K. Schrems, D.Maclaren, "Failure analysis of a mine hoist rope," *Engineering Failure Analysis*, Mar. 1997, vol. 4, no. 1, pp. 25-38.

[Sej09]   E. Sejdić, I. Djurović, J. Jiang, "Time–frequency feature representation using energy concentration: An overview of recent advances," *Digital Signal Processing*, vol. 19, no. 1, Jan. 2009, pp. 153-183.

[Sie07]   S. Sieg-Zieba, "Projet mécatronique engins mobiles surveillance d'une chaîne cinématique: Application à un treuil de levage," Rapport final N° : 009653/0, CETIM, 2007.

[Sil02]   A. R. T. de Silva, L. W. Fong, "Effect of abrasive wear on the tensile strength of steel wire rope" *Engineering Failure Analysis*, vol. 9, no. 3, Jun. 2002, pp. 349-358.

[Sob88]   J. T. Sobczyk, K. Weinreb, "Synthesis of mathematical models of induction machines with non-uniform airgap," *Proceedings of ICEM'88*, vol. 1, pp. 287-291, Italy, Sept. 1988.

[Spr07a]   Springer Berlin Heidelberg, "Wire ropes under bending and tensile stresses" *Book Wire Ropes*, Feb. 2007, pp. 173-316. The document is available online at: http://www.springerlink.com/content/m4r47x72r1700t68/

[Spr07b]   Springer Berlin Heidelberg, "Wire Ropes under Tensile Load" Feb. 2007. pp. 61-171.

[Sta03]   J.R. Stack, T.G. Habetler, R.G. Harley, "Effects of machine speed on the development and detection of rolling element bearing faults," *IEEE Power Electronics Letters*, vol. 1, no. 1, March 2003, pp. 19–21.

[Sta04a]   J.R. Stack, T.G. Habetler, R.G. Harley, "Fault classification and fault signature production for rolling element bearings in electric machines," *IEEE Transactions on Industry Applications*, vol. 40, no. 3, May/June 2004, pp. 735-739.

[Sta04b]   J. R. Stack, T. G. Habetler, R. G. Harley, "An amplitude modulation detector for fault diagnosis in rolling element bearings," *IEEE Transactions on Industrial Electronics*, vol. 51, no. 5, Oct. 2004, pp. 1097–1102.

[Sta04c]   J. R. Stack, T. G. Habetler, R. G. Harley, "Bearing fault detection via autoregressive stator current modeling," *IEEE Transactions on Industry Applications*, vol. 40, no. 3, May/June 2004, pp. 740–747.

[Sta05]   J. R. Stack, T. G. Habetler, R. G. Harley, "Experimentally generating faults in rolling element bearings via shaft current," *IEEE Transactions on Industry Applications*, vol. 41, no. 1, Jan. /Feb. 2005, pp. 25-29.

[Sta06]   J. R. Stack, T. G. Habetler, R. G. Harley, "Fault-signature modeling and detection of inner-race bearing faults," *IEEE Transactions on Industry Applications*, vol. 42, no. 1, Jan./Feb. 2006, pp. 61– 67.

[Stu01]   D. M. Stump, G. H. M. van der Heijden, "Birdcaging and the collapse of rods and cables in fixed-grip compression," *International Journal of Solids and Structures*, Jun. 2001, vol. 38, no. 24, pp. 4265-4278.

T

[Tho03a]   W. T. Thomson, R. J. Gilmore "Motor current signature analysis to detect faults in induction motor drives – Fundamentals, data interpretation and industrial case histories," Proceedings of the thirty-second turbo machinery symposium, pp. 145-156, 2003.

[Tho03b]   W. T. Thomson, M. Fenger, "Case histories of current signature analysis to detect faults in induction motor drives," *IEEE International Electric Machines and* Drives Conference IEMDC'2003, vol. 3, 1-4 Jun. 2003, pp. 1459 – 1465.

[Tho99a]   W. T. Thomson, A. Barbour, "An industrial case study of on-line current monitoring and finite element analysis to diagnose airgap eccentricity problems in large high voltage 3-phase induction motors," *Proceedings of the IEE Ninth International Conference on Electrical Machines and Drives*, Conf. Publ. no. 468, pp. 242–246, 1999.

[Tho99b]   W. T. Thomson, D. Rankin, D.G. Dorrell, "On-line current monitoring to diagnose airgap eccentricity in large three-phase Induction motors-industrial case histories verify the predictions", *IEEE Transactions on Energy Conversion*, vol. 14, no. 4, Dec 1999, pp. 1372 – 1378.

[Tho99c]   O. V. Thorsen, M. Dalva, "Failure identification and analysis for high-voltage induction motors in the petrochemical industry," *IEEE Transactions on Industry Applications*, vol. 35, no. 4, Jul./Aug. 1999, pp. 810–818.

[Tra09]   B. Trajin, J. Regnier, J. Faucher, "Comparison between stator current and estimated mechanical speed for the detection of bearing wear in asynchronous drives," *IEEE Transactions on Industrial Electronics,* Nov. 2009, vol. 56, no. 11, pp. 4700-4709.

U

[Usa08]   H. Usabiaga, J. M. Pagalday, "Analytical procedure for modelling recursively and wire by wire stranded ropes subjected to traction and torsion loads," *International Journal of Solids and Structures*, Oct. 2008, vol. 45, no. 21, pp.5503-5520.

V

[Ver.a]   R. Verreet, I. Ridge, "Wire Rope Forensics".
           The document is available online at:
           http://www.casar.de/portals/casar/story_docs/Broschueren/wire_rope_for
           ensics_a4.pdf

[Ver.b]   R. Verreet, "Steel Wire Ropes for Cranes Problems and Solutions". The document is available online at:
           http://www.casar.de/portals/casar/story_docs/Broschueren/casar_steel_w
           ire_ropes.pdf

[Ver.c]   R. Verreet, "The rotational characteristics of steel wire ropes".
           The document is available online at:
           http://www.casar.de/portals/casar/story_docs/Broschueren/casar_rotation
           .pdf

W

[Wai79]   J. R. Wait, "Review of electromagnetic methods in nondestructive testing of wire ropes," *Proceedings of the IEEE,* Jun. 1979, vol. 67, no. 6, pp.892-903.

[Wei02]   G. Wei, C. Jianxin, "A transducer made up of fluxgate sensors for testing wire rope defects," *IEEE Transactions on Instrumentation and Measurement*, Feb. 2002, vol. 51, no. 1, pp. 120-124.

[Wu04]   B. Wu, A.B. Saxena, T.S. Khawaja, P.A., G. Vachtsevanos, P. Sparis, "An approach to fault diagnosis of helicopter planetary gears," *Proceedings of IEEE-AUTOTESCON 2004*, 20-23 September 2004, pp.475-481.

Y

[Yua03]   X. Yuan, L. Cai, "Gearbox diagnosis using a modified Fourier series," *Proc. of IEEE/ASME International Conference on Advanced Intelligent Mechatronics (AIM'2003)*, vol. 1, pp. 193-198, July 2003.

Z

[Zha03]   D. K. Zhang, S. R. Ge, Y. H. Qiang, "Research on the fatigue and fracture behavior due to the fretting wear of steel wire in hoisting rope," vol. 255, no. 7-12, Aug.-Sept. 2003, pp. 1233-1237.

[Zho07]   W. Zhou, T. G. Habetler, R. G. Harley, "Stator current-based bearing fault detection techniques: A general review," *Proc. of IEEE Symposium on Diagnostics for Electric Machines Power Electronics and Drives (SDEMPED'2007)*, Cracow, Poland, pp. 7-10, Sept. 2007.

[Zho08]   W. Zhou, T. G. Habetler, R. G. Harley, "Bearing fault detection via stator current noise cancellation and statistical control," *IEEE Transactions on Industrial Electronics,* Dec. 2008, vol. 55, no. 12, pp. 4260-4269.

[Zou08]   H. Zoubek, S. Villwock, M. Pacas, "Frequency response analysis for rolling-bearing damage diagnosis," *IEEE Transactions on Industrial Electronics*, Dec. 2008, vol. 55, no. 12, pp. 4270-4276.

ANNEXES

ANNEXE A

Mesure du couple

Une information sur la valeur statique du couple est donnée en sortie du variateur alimentant la machine à induction. Cependant, dans un objectif de surveillance, il est important de disposer de la composante dynamique du couple pour affecter une analyse fréquentielle.

La mesure de couple mise en place sur le démonstrateur permet d'enregistrer les variations du couple moyen transmis, mais aussi de connaître les fluctuations autour du couple moyen (pouvant par exemple être dues à des oscillations de torsion) et les pics de couple (dus par exemple à des chocs).

Figure A.1. Arbre de réaction instrumenté pour la mesure du couple [Sie07]

L'arbre instrumenté pour mesurer le couple est l'arbre de réaction, arbre cannelé à ses deux extrémités et fixe. Il a été modifié pour permettre la mise en place des jauges d'extensométrie. Deux rosettes de deux jauges de déformation sont placées à 180 ° au niveau de la partie non cannelé de l'arbre de réaction. Les rosettes utilisées sont des rosettes VISHAY CEA-06-187UV-350. Elles sont placées de manière à mesurer les déformations dues à la torsion de l'arbre. Les jauges sont raccordées de manière à former un pont de Wheatstone. Les rosettes ont été dimensionnées en se basant sur une estimation du couple à mesurer.

ANNEXE B

Caractéristiques des capteurs de vibration

L'analyse vibratoire est une technique couramment utilisée en surveillance des machines. Elle repose sur le principe qu'une défaillance de la machine va produire une modification des efforts et donc une variation des vibrations mesurées. La mesure et l'analyse des vibrations de la machine permettent de suivre l'état de celle-ci.

Les caractéristiques techniques des capteurs utilisés dans le banc d'essai étudié, sont les suivantes [Sie07]:

Capteurs capacitifs:

- Modèle : PCB 3703D1FD20G

- Sensibilité : 100 mV/g

- Type : Triaxes

- Emplacement : Paliers tambour et moteur

Capteurs piézoélectriques externes:

- Fabricant : ENDEVCO (Distributeur FGP Sensors) 65-100

- Sensibilité : 100 mV/g

- Type : Triaxes

- Emplacement : Paliers tambour et moteur

- Fabricant : PCB JM353B16

- Sensibilité : 10 mV/g

- Type : Monoaxe

- Emplacement : Châssis

Capteur piézoélectrique interne (miniature), Emplacement : Palier réducteur interne au tambour

- Fabricant : PCB 352C65

- Poids : 2 gm

- Sensibilité : 100 mV/g

- Type : Mono axe

PUBLICATIONS PERSONNELLES

Communications:

➤ S.M.J. Rastegar Fatemi, H. Henao, G.-A. Capolino, "The Effect of the Mechanical Behavior on the Stray Flux in an Induction Machine Based Electromechanical System," *IEEE International Symposium on Diagnostics, (SDEMPED07)*, ISBN: 978-1-4244-1061-3, Cracow (Poland), Sept. 2007, pp. 155 - 160.

➤ S.M.J. Rastegar Fatemi, H. Henao, G.-A. Capolino, "Gearbox Monitoring by Using the Stray Flux in an Induction Machine Based Electromechanical System," The 14th IEEE Mediterranean Electrotechnical Conference, (MELECON08), ISBN: 978-1-4244-1632-5, Ajaccio (France), May 2008, pp. 484 - 489.

➤ H. Henao, S.M.J. Rastegar Fatemi, S. Sieg-Zieba, G.-A. Capolino, "Detection of birdcaging in steel wire rope of a hoisting winch system by analysis of load torque and stator current," *IEEE International Symposium on Diagnostics, (SDEMPED09)*, ISBN: 978-1-4244-3441-1, Cargèse (France), Sept. 2009, pp. 1-6.

➤ S.M.J. Rastegar Fatemi, H. Henao, G.-A. Capolino, S. Sieg-Zieba, "Load Influence on Induction Machine Torque and Stator Current in Case of Shaft Misalignment," *The 35th Annual Conference of IEEE Industrial Electronics, (IECON09)*, ISBN: 978-1-4244-4648-3, Porto, (Portugal), Nov. 2009, pp. 3449 - 3454.

➤ S.M.J. Rastegar Fatemi, H. Henao, G.-A. Caponlio, S. Sieg-Zieba, "Load Influence on Induction Machine Torque and Stator Current with Planetary Gearbox," *The 19th International Conference on Electrical Machines (ICEM10)*, ISBN: 978-1-4244-4174-7, Rome (Italy), Sept. 2010, pp. 1-7.

➤ S.M.J. Rastegar Fatemi, H. Henao, G.-A. Caponlio, S. Sieg-Zieba, "Influence of Hanging Load on Induction Machine Torque and Stator Current in Hoisting Winch system," *The 36th Annual Conference of IEEE Industrial Electronics, (IECON10)*, ISBN: 978-1-4244-5225-5, Phoenix (USA), Nov. 2010, pp. 2621-2627.

Publication:

➤ H. Henao, S.M.J. Rastegar Fatemi, G.-A. Capolino, S. Sieg-Zieba, "Wire Rope Fault Detection in a Hoisting Winch System by Motor Torque and Current Signature Analysis," *IEEE Transaction on Industrial electronics,* May 2011, vol. 58, no. 5, pp. 1727-1736.